Huda Abdul Rahim Abdul Kadir

FACTORES AMBIENTAIS E DESENVOLVIMENTO ECONÓMICO

Huda Abdul Rahim Abdul Kadir

FACTORES AMBIENTAIS E DESENVOLVIMENTO ECONÓMICO

Agricultura e animais

ScienciaScripts

Imprint

Any brand names and product names mentioned in this book are subject to trademark, brand or patent protection and are trademarks or registered trademarks of their respective holders. The use of brand names, product names, common names, trade names, product descriptions etc. even without a particular marking in this work is in no way to be construed to mean that such names may be regarded as unrestricted in respect of trademark and brand protection legislation and could thus be used by anyone.

Cover image: www.ingimage.com

This book is a translation from the original published under ISBN 978-620-7-46068-7.

Publisher:
Sciencia Scripts
is a trademark of
Dodo Books Indian Ocean Ltd. and OmniScriptum S.R.L publishing group

120 High Road, East Finchley, London, N2 9ED, United Kingdom
Str. Armeneasca 28/1, office 1, Chisinau MD-2012, Republic of Moldova, Europe
Printed at: see last page
ISBN: 978-620-7-27976-0

FACTORES AMBIENTAIS E DESENVOLVIMENTO ECONÓMICO

(Agricultura e animais)

Huda Abdul Rahim Abdul Qadir

Doutoramento, investigador de Geografia Económica,

Direção da Educação, Minia - Egipto

2024

Conteúdo

Introdução

A província de Minia (fig. 1), uma das províncias agrícolas do Egipto, situa-se na província central do Egipto, entre as latitudes 40/27, 40/28 norte, estendendo-se longitudinalmente, confinada entre as longitudes (30/30, 31) a leste, alargando-se facilmente em 15 km, e o espaço da província de Minia (apenas o vale) é de 2274 km 2, e é conduzida longitudinalmente por três cursos de água: o rio Nilo (133.3 km), o mar de Yusuf e o canal de Ibrahimiya, delimitada a leste pelo deserto oriental e a oeste pelo Saara Ocidental, uma das melhores zonas para a expansão agrícola, dividida de forma conservadora em 9 centros administrativos, de norte a sul: Al-E'dwa, Maghagha, Beni Mazar, Matai, Samalout, Minia, Abu-Qarqas, Mallawi e Deir Mowas .A governadoria de Minia está dividida longitudinalmente em três sectores que se estendem do extremo sul ao extremo norte, são os seguintes

A. Sector oriental:

Abrangido pelo deserto oriental a leste e pelo rio Nilo a oeste, este sector caracteriza-se por uma grande dificuldade de expansão potencial e de recuperação de terras devido à planície de inundação, o lado oriental é caracterizado por uma forte subida, onde o planalto se eleva a mais de (150 m) acima do nível médio do mar.

B. O sector oriental é um dos mais importantes em termos de preservação do território, em termos de qualidade e amplitude, e delimitado a leste pelo rio Nilo e a oeste pelo mar de José, este sector é o mais conservador das zonas de concentração da população, onde se acumulam - ao longo da longitudinal - todas as cidades da província.

C. Sector Ocidental:

Mar delimitado a leste e Joseph confluência das fronteiras da província com a borda ocidental do deserto, e elevação gradual em algumas áreas neste sector, e esta região é considerada as áreas mais aptas de expansão agrícola horizontal[1] .

Os factores ambientais que nos rodeiam são numerosos e afectam o homem, os animais e as plantas, bem como a atividade e a capacidade de produção, e a economia da vida é afetada por eles em diferentes aspectos. O efeito destes factores reflecte-se claramente na agricultura em geral, deixando uma forte reação aos preços, e inclui muitos tipos de produtos, incluindo os produtos hortícolas, onde é mais influenciado pelas condições ambientais, tendo sido selecionada a província de Minia como exemplo de aplicação para ilustrar o papel dos factores ambientais na economia da produção de produtos hortícolas. Quanto às razões para a escolha do tema, a preservação das províncias agrícolas, para além de uma população crescente, e o aumento do consumo de culturas hortícolas de todos os tipos, são a motivação para este estudo.

---

[1] Saif, Mahmoud Mohammed. Agricultural development problems, a field studies on the status of Minia, Journal of Geography Studies, Department of Geography - Faculty of Arts - Minia University, 1987, p. 22.

A investigação seguiu uma abordagem descritiva indutiva, que se baseia em diferentes fontes de dados sobre o tema da investigação, e uma abordagem analítica para tirar conclusões sobre o impacto dos factores ambientais no cultivo de produtos hortícolas em Minia.

A investigação sobre a distribuição do gado é especializada no estudo dos factores geográficos que afectam a distribuição do gado, tendo como exemplo a província de Minia - Egipto, que inclui

A. Fecho de correr plantado:

As terras agrícolas têm sido sujeitas à expansão das actividades urbanas, o que leva à existência de terras agrícolas exploradas em outras actividades não agrícolas, aborda também, a relação do zíper plantado com as espécies animais, juntamente com o apelo à expansão horizontal da agricultura é vital como um aspeto do desenvolvimento económico.

B. Propriedades agrícolas:

que é também uma base para a produção de alimentos para seres humanos, animais e serviços industriais através do tipo de terra utilizada, que está intimamente relacionada com os custos de produção vegetal e de rendimento.

C. Estrutura das culturas:

Aborda a relação entre a composição da cultura e os tipos de alimentação e a quantidade e, por conseguinte, o montante da sua contribuição para o desenvolvimento do efetivo pecuário.

D. Emprego agrícola:

Representa o esforço na produção agrícola, o impacto da mão de obra agrícola na distribuição de animais e a dimensão da mão de obra agrícola.

E. A mecanização agrícola para a liberalização do animal do trabalho agrícola e a sua transformação no seu objetivo principal, aborda Distribuição geográfica das máquinas agrícolas.

F. Factores ambientais e raças de animais:

Que os animais e os seus produtos são afectados pelas características do meio geográfico. As raças de animais incluem: Vacas, Búfalos, Camelos, Ovelhas e Cabras.

G. Políticas governamentais que visam o aumento da produção animal e mudanças estruturais na estrutura económica animal.

O impacto dos factores ambientais na cultura dos produtos hortícolas

Primeiro: Factores ambientais[1]

Fator ambiental, fator ecológico ou cofator é qualquer fator, abiótico ou biótico, que influencia os organismos vivos. Os factores abióticos incluem a temperatura ambiente, a quantidade de luz solar e o pH da água e do solo em que vive um organismo. Os factores bióticos incluem a disponibilidade de organismos alimentares e a presença de conspecíficos, concorrentes, predadores e parasitas[2].

1. Temperatura

É um dos elementos climáticos mais importantes, devido ao impacto sobre outros elementos, também afecta todas as actividades humanas direta ou indiretamente, e apesar do facto de o inverno começar astronomicamente a 21 de dezembro de cada ano, o tempo frio e as baixas temperaturas começam no final do mês de novembro, o último mês do outono, porque as depressões que se deslocam da bacia do Mediterrâneo, a partir do final de setembro, são pouco profundas, aumentando depois de tráfego e de profundidade no início de novembro, e têm o seu impacto no norte do Egipto, uma influência tanto mais forte quanto mais fundo for o seu interior, nem chegando à zona de estudo, onde apenas as ondas de frio que lhe estão associadas[3].

Uma temperatura é uma medida comparativa objetiva de quente ou frio. É medida por um termómetro, que pode funcionar através do comportamento de um material termométrico, da deteção de radiação térmica ou da energia cinética de partículas. Existe uma variedade de tipos de escala de temperatura. Pode ser conveniente classificá-las em empíricas e teóricas[4] (Quadro 1).

janeiro é um dos meses mais invernais expostos à invasão de massas de ar frio, assumem a forma de ondas de frio até 8 ondas, e continuam cada onda dois dias ou mais, e a temperatura média de inverno para (11-8) ° C, e pode ser até zero, por isso é até (- 4) ° C, como parte do calor extremo do clima do deserto, que é caraterístico da área de estudo.

Verificamos que junho é o primeiro mês do verão, pode ser afetado pela passagem de depressões, vento siroco que traz consigo calor intenso e seca, ventos, e também ser poeirento, mas são pouco frequentes em comparação com a primavera.

---

[1] Abdel Qadir. Huda Abdel Rahim. O impacto dos factores ambientais no cultivo de vegetais em Minia Governorate, Egipto, International Journal of Research in Social Sciences (IJRSS), ISSN: 2249-2496, Publisher: International Journals of Multidisciplinary Research Academy (IJMRA), Volume 6, Edição 12, dezembro de 2016, pp. 392-418.

[2] Gilpin, A. Dictionary of Environment and Sustainable Development, John Wiley and Sons, 1996, p. 247.

[3] Jouda Hassanein, Natural geography of Egypt, Alexandria, 1998, pp. 193-213.

[4] Middleton, W. E. K. A History of the Thermometer and its Use in Metrology, Johns Hopkins Press, Baltimore MD, 1966, pp. 89-105. Truesdell, C.A. (1980). The Tragi comical History of Thermodynamics, 1822-1854, Springer, Nova Iorque, 1980, Secções 11 B, 11 H, pp. 306-310-320-332. Quinn, T. J. Temperature, Academic Press, Londres, 1983, pp. 61-83.

2. Radiação **solar**

O aumento do número de horas de sol é geral na província de Minia, especialmente no verão, representado nos meses de junho, julho e agosto (90, 92,92, respetivamente), como mostra o quadro seguinte (Quadro 2).

Por conseguinte, explica a grande amplitude térmica nesse período em comparação com o resto do ano, o que ajudou a um clima adequado para o crescimento de muitas culturas agrícolas, e o céu está livre de nuvens durante esse período do ano, ou não ser afetado por Alpido satisfazendo a puxar o (albedo do solo é a capacidade global de envelope gasoso + o solo, através das águas dos mares e oceanos) no reverso (Reflexão), respondeu chegadas de radiação solar da estrela do sol para a Terra, o espaço, para o envelope gasoso novamente.

3. **Pressão atmosférica**

Dos factores mais importantes que afectam o clima, caracterizado pelos sistemas de pressão global Governorate, influenciado no inverno pelo sistema de alta pressão dos Açores, que provoca uma diminuição acentuada da temperatura da massa seca, por conseguinte, a diferença entre a pressão atmosférica média de inverno, e a pressão média pública é grande (1013,2), enquanto que na primavera, a pressão atmosférica perturbada de mês para mês, devido às depressões meteorológicas da primavera à margem do deserto africano, com vista para a passagem do mar Mediterrâneo (Quadro 3).

Com o início do verão, as condições meteorológicas acalmam, e o aparecimento de depressões atmosféricas raramente episódicas, e abrange uma grande baixa térmica, é baixa sazonal no sul da Ásia e no sudeste .Depois vem a separação da moderação no Egipto Geral e na *província* de Minia em particular, muito raramente falada por desordem atmosférica, é caracterizada pela separação do outono no Egipto - no final - o aparecimento de tempestades com trovões na zona do Médio Egipto (da qual Minia faz parte), e acompanhadas por um relâmpago, e chuvas torrenciais, provocando inundações perigosas, que afectam as zonas urbanizadas na foz dos vales a leste do rio Nilo .E, por vezes, o nevoeiro espesso, que pode durar até pouco antes do meio-dia, é puxado para a superfície.

O vento é um movimento natural do ar, geralmente horizontal e paralelo ao solo, e denominado (vento de superfície), que sopra de zonas de alta pressão para zonas de baixa pressão, para substituir o ar ascendente venoso para as zonas mais altas quando estas últimas (Quadro 4).

A partir do quadro acima, é evidente o seguinte :No inverno, qual foi o impacto das depressões meteorológicas que o inverno não corta profundamente o sul da província, encontramos ventos do norte e do noroeste que prevalecem na província, e na primavera, os ventos sopram para norte e nordeste, e que quando as condições meteorológicas são estáveis, ou quando passam por depressões sirocco, as condições meteorológicas perturbadas, e afectam as depressões nas direcções do vento, estão a soprar primeiro do sudeste, depois viram-se para sul, depois para sudoeste, depois para oeste e noroeste[1] . Os ventos de verão caracterizam-se pela estabilidade e estabilidade, sendo predominantemente de noroeste e

---

[1] Qayed, Osama Mohammed. Agricultural geography in Minia governorate, tese de doutoramento, Faculdade de Letras - Universidade de Minia, 1995, p. 25.

nordeste, e a separação do outono é comparada com o efeito dos ventos de oeste, que se tornam predominantes a norte, seguidos dos ventos de noroeste, que têm um impacto menor.

A humidade é definida como uma quantidade de vapor de água efetivamente presente no ar a uma dada temperatura, e se a carga de ar e atingida ao máximo, pode ser transportada; sabe-se quando atingiu o seu grau máximo de saturação (Quadro 5).

É o que se observa na tabela acima: No inverno (novembro-dezembro-janeiro), a proporção de humidade relativa do ar aumenta, devido à baixa temperatura da região nesse período, o que leva a que o ar esteja mais próximo do ponto de saturação, e na primavera, há menos estações no grau de humidade relativa, devido ao sopro de siroco quente e seco que sopra do deserto, e ao soprar, a humidade relativa desce subitamente, em maio, diminuindo para cerca de 35%.

Evaporação: a zona retira a humidade por evaporação de várias fontes de água, representadas no rio Nilo, a leste, e numa rede de canais e drenos e no mar de José, a oeste, bem como do processo de transpiração realizado pelas plantas e da evaporação do solo (quadro 6).

O quadro acima mostra que a província de Minia apresenta diferenças claras nas médias de evaporação entre as estações do ano, nomeadamente entre o inverno e o verão, devido ao facto de a temperatura no verão desempenhar um papel importante no aumento da taxa de evaporação. Em geral, a quantidade de evaporação depende de uma série de factores: temperatura, humidade relativa, movimento do ar e velocidade do vento, em que a temperatura no verão - por exemplo - desempenha um papel importante no aumento da elevada taxa de evaporação.

A chuva é água líquida sob a forma de gotículas que se condensaram a partir do vapor de água atmosférico e depois precipitaram, ou seja, tornaram-se suficientemente pesadas para cair sob a ação da gravidade. A chuva é um dos principais componentes do ciclo da água e é responsável pela deposição da maior parte da água doce na Terra. Fornece condições adequadas para muitos tipos de ecossistemas, bem como água para centrais hidroeléctricas e irrigação de culturas. A principal causa da produção de chuva é o movimento da humidade ao longo de zonas tridimensionais de contrastes de temperatura e humidade, conhecidas como frentes meteorológicas. O aquecimento global também está a provocar alterações no padrão de precipitação a nível mundial,

Os sistemas de classificação climática, como o sistema de classificação climática de Köppen, utilizam a precipitação média anual para ajudar a diferenciar os diferentes regimes climáticos. A precipitação é medida utilizando pluviómetros. As quantidades de precipitação podem ser estimadas por radar meteorológico[1] . A chuva é considerada o aspeto mais importante da condensação do vapor de água no ar, devido a esta importância à estreita ligação entre ela e os diferentes tipos de vida na Terra, uma vez que a chuva é responsável pela formação da crosta terrestre, e pela formação de múltiplos tipos de fenómenos fisiográficos, que vemos em todo o lado na Terra (Quadro 7) .

A tabela acima mostra claramente: A chuva na província de Minia é escassa, e a maior quantidade de precipitação pode cair no inverno, enquanto a quantidade de precipitação na

---

[1] Pearce, R. p. *Meteorology at the Millennium*. Academic Press. 2002, p. 66.

primavera cai em comparação com o inverno, terminando em (3,0 mm), e a precipitação é inexistente no verão, especialmente em julho.

É evidente, a partir da visão anterior, que a província de Minia tem uma atmosfera especial, onde é considerado um extremo sul do clima semi-desértico, embora seja dominado pelo clima do deserto e todos estes elementos do clima passado influenciado por uma série de factores geográficos que fazem esses elementos.

O clima é a estatística do tempo, geralmente ao longo de um intervalo de 30 anos. É medido através da avaliação dos padrões de variação da temperatura, humidade, pressão atmosférica, vento, precipitação, contagem de partículas atmosféricas e outras variáveis meteorológicas numa determinada região durante longos períodos de tempo. O clima difere do tempo, na medida em que o tempo apenas descreve as condições a curto prazo destas variáveis numa determinada região. O clima de uma região é gerado pelo sistema climático, que tem cinco componentes: atmosfera, hidrosfera, criosfera, litosfera e biosfera.

O clima de um local é afetado pela sua latitude, terreno e altitude, bem como pelas massas de água próximas e respectivas correntes. Os climas podem ser classificados de acordo com a média e os intervalos típicos de diferentes variáveis, mais frequentemente a temperatura e a precipitação[1] .

Segundo: Os factores geográficos que afectam o clima

Existem alguns factores geográficos importantes que afectam o clima em geral e o clima da província de Minia em particular. Estes factores combinados contribuíram para influenciar direta ou indiretamente os elementos climáticos anteriores e são os seguintes

1. **Localização astronómica e geográfica**

O efeito da latitude espacialmente na luz mostra e a temperatura e a humidade relativa da área e a quantidade de evaporação, como é o clima semi-desértico final, desfrutando de extremismo climático, de modo a distanciar-se do efeito Mediterrâneo, bem como a sua distância das condições tropicais do sul, o que lhe deu a natureza do clima privilegiado.

Governação de Minia Como já foi referido, nas províncias centrais do Egipto, situadas a sul de Assiut e a norte de Beni Suef, dada a sua localização, Minia estará sujeita a ondas de frio que afectarão o Egipto Central, mas se as depressões meteorológicas de inverno forem profundas e controlarem a ilha de Chipre[2] .

2. **Manifestações da superfície da Terra**

A superfície da área de estudo apresenta um carácter especial, representado na natureza do terreno e ao longo de dois planaltos a leste, oeste e longitudinalmente, e a détente ajudou a empurrar o vento norte para noroeste, e o vento norte frio predominante que acompanha a passagem de depressões de ar no inverno, e o deslizamento preto de ar muito frio em direção

---

[1] Planton, Serge (França; editor). "Anexo III. Glossário: IPCC - Painel Intergovernamental sobre as Alterações Climáticas", Quinto Relatório de Avaliação do IPCC, 2013, p. 1450.
[2] Jouda Hassanein, Natural geography of Egypt, Alexandria, 1998, pp. 193-213.

aos vales, acumula neve nas folhas e caules das plantas no inverno, o fenómeno da geada composto devastador para a maioria das culturas, especialmente as culturas de legumes e árvores de fruto.

A geada é o revestimento ou depósito de gelo que se pode formar no ar húmido em condições frias, geralmente durante a noite. Em climas temperados, aparece mais frequentemente como cristais brancos frágeis ou gotas de orvalho congeladas perto do solo, mas em climas frios ocorre numa maior variedade de formas, a geada é composta por delicados padrões ramificados de cristais de gelo formados como resultado do desenvolvimento de processos fractais.

Sabe-se que as geadas danificam as culturas ou reduzem os rendimentos futuros das mesmas, pelo que os agricultores das regiões onde as geadas são um problema investem frequentemente meios substanciais para evitar a sua formação[1] .

3. Proximidade ou distância de massas de água

A comparação entre as temperaturas da província de Minia e do oásis náutico e da região que se situa à mesma latitude revela o seguinte: a aproximação da temperatura média entre as duas regiões em janeiro (província de Minia: 11,8; oásis náutico: 12,3) e em julho (província de Minia: 28,5; oásis náutico: 29,5), uma vez que o mês de janeiro é o pico do inverno e o mês de julho o pico do verão, é evidente na comparação, mas a diferença é pequena entre as duas regiões, o que confirma o papel limitado da água.5), uma vez que o mês de janeiro é o pico do inverno e o mês de julho é o pico do verão, é evidente, a partir da comparação, a dimensão da diferença é pequena entre as duas regiões, o que confirma o papel limitado das massas de água na temperatura temperada, estas massas representadas no Nilo, nos canais e nas drenagens do rio, tal como confirma o controlo do clima do deserto sobre a província de Minia.

4. Massas de ar

Uma enorme ofensa de um ar homogéneo cobre uma grande área de superfície seca ou corpo de água, caracterizando o ar destes blocos em características climáticas homogéneas, em níveis ou sectores de blocos horizontais, especialmente na temperatura e diminuindo a taxa de subida, humidade, e a quantidade e tipo de nuvens, e Visibilidade[2] . O clima da província de Minia é afetado por blocos aeróbicos, que são afectados pelo clima do Egipto em geral, que se divide em: massas de ar polar (continental), massas de ar polar (livre), massas de ar tropical (continental), blocos de ar orbital (livre).

Terceiro: O impacto do clima na produção de produtos hortícolas

O clima, é um dos factores que afectam a produção de culturas hortícolas, e apesar do facto de as culturas agrícolas serem afectadas por óleo e terreno, insectos e doenças, no entanto, o clima é um dos factores ambientais mais importantes no seu impacto sobre o crescimento e desenvolvimento da planta.

[1] Oliver, J. E., Encyclopedia of World Climatology, Springer Science & Business Media, p. 382.
[2] Abu-el-A'ynain, Hassan. Planta geográfica e climática, Alexandria, p. 32.

Os principais elementos climáticos que desempenham um papel importante na agricultura são: o calor, a humidade nas suas diversas formas, o sol, o vento e a evaporação, a planta requer um cultivo adequado aos limites destes elementos no ambiente local, que cresce onde, caso contrário, o cultivo desta cultura será antieconómico.

Direitos e pode mudar a atmosfera de alguns lugares pequenos para se tornar adequado para o crescimento de uma determinada cultura, mas que é muitas vezes caro, e cada limite de limite de cultura valores elementos climáticos, crescendo por implicação, e fora desses limites, você não pode cultivar esta cultura ou outra, sabendo que as operações de ecletismo Tornou possível encontrar algumas espécies de plantas que têm um campo mais amplo do tipo original e, portanto, poderia ser cultivada com sucesso fora de seu habitat nativo[1] .

1. O calor e a sua relação com a produção de produtos hortícolas

A temperatura controla, direta ou indiretamente, as operações e as funções que se realizam na fábrica em geral e, em particular, nos Greens, e estes necessitam, em diferentes fases da sua vida, de diferentes graus de calor.

Por exemplo, a temperatura de germinação é inferior à temperatura de crescimento é inferior ao grau necessário para o calor de floração, que também é inferior ao grau necessário para o calor de fruição e maturidade, e cada temperatura mínima da folha é difícil para ele viver sem eles, e o grau de super calor (teto) é difícil para ele viver então, com um grau de temperatura ideal é alcançado então as suas melhores situações de crescimento.

Sabe-se que as baixas temperaturas extremas, que levam ao congelamento da água no caule, provocam a rutura das suas células, tal como o calor que sobe do teto leva ao murchamento das folhas e à queda[2] .

A. Temperatura mínima:

O efeito das baixas temperaturas na planta varia consoante o seu tipo e características. Se a temperatura desceu até ao ponto de congelamento, o grau de absorção das raízes das plantas pela humidade diminui, e a planta já não consegue absorver a água por compensação, perdendo o processo de transpiração, o que a faz murchar, sendo as batatas o tipo de legume mais importante que conseguiu resistir ao declínio do aquecimento (Quadro 8-9).

É claro a partir das tabelas anteriores, clara diferença entre os graus de micro-calor em Minia, e graus mínimos para o crescimento da cultura, mas, no entanto, cultivada na província de Minia anualmente na entressafra, alguns dos quais é cultivada tradicionalmente ou cultivadas dentro de estufas, também, encontramos a grande diferença entre a temperatura mínima rendimento de tomates, especialmente no inverno, e as temperaturas médias dos três meses de inverno, é evidente que os graus de temperatura mínima descem, em certa medida, muito abaixo do mínimo de tomates, levando à exposição da cultura durante esse período às ondas de geada que prejudicam a cultura, e sofrendo uma perda terrível, não compensando apenas a cultura de tomates de verão.

B. Óptima temperatura:

---

[1] Mousa Ali. Resumo da Climatologia Aplicada, Damasco, 1981, p. 110.
[2] Al-Zouka, Mohammad Khamis. *Agricultural geography*, Alexandria, 1999, p. 109.

Existe uma grande sensibilidade de algumas plantas, para as altas temperaturas nas fases iniciais do seu crescimento, as altas temperaturas podem levar - em alguns casos - ao que é conhecido como: míldio (insolação), que provoca a fase crítica em que as plantas mais expostas diretamente à radiação do sol.

A temperatura elevada afecta a absorção de alimentos do solo, pelo que a absorção de elementos finais pelos pêlos radiculares ocorre mais rapidamente, quando se aumenta a temperatura dentro de certos limites, em geral, a temperatura elevada leva à aceleração do processo de crescimento, é raro que a temperatura elevada do ar cause danos directos à planta, no entanto, o aumento da transpiração da planta está a causar este dano[1] .

Os quadros (10-11) ilustram o seguinte: A não manutenção das ótimas notas com final máximo para algumas das verduras concordam, principalmente as verduras de verão como tomate (tronco de verão), feijão e quiabo. Onde verificamos que a extremidade máxima de seu calor em uma fileira é (26, 26,35), e verificamos que os meses de verão, variando de (36,5, 36,3), que é mais do que o grau em que a planta ser suportado, que é tão exposto planta severamente danificado, e exposição a doenças graves como uma queimadura solar, e também, causar a queda das folhas da planta.

C. Temperatura ideal:

É a temperatura a que são funções da planta, a temperatura ideal para o rebento são diferentes daquelas com a raiz total[2] , e que a atividade das reacções químicas na planta aumenta quanto maior for a temperatura mínima, seguindo-se a velocidade de crescimento, e se a temperatura subir acima dessa levou o ritmo de crescimento a diminuir novamente[3] (Quadro 12).

A temperatura ideal é a que ocupa pouco mais de vários graus, é o caso do tomate, onde a temperatura ideal varia entre (12,1- 24° C), o que significa que a cultura se tiver uma temperatura ambiente que varie entre (12,1- 24° C), esta será a classe adequada para o crescimento e acesso para produzir uma boa colheita.

Ao comparar o grau de favoritismo para o crescimento das culturas, o calor e o grau térmico médio anual na província de Minia, é evidente que, entre as culturas (17° C), a temperatura ideal para o crescimento não era consistente com a temperatura média na província de Minia apenas nos rendimentos do tomate e do feijão, uma vez que cada um deles requer (21° C), o que é muito estreito.

A temperatura média na província de Minia diminui o grau ideal para o crescimento da cultura do alho, a temperatura dos pepinos em (2,8 m° C).

D. Frost:

Há um certo limite para suportar a redução térmica por planta em qualquer fase de crescimento, conhecido como limiar de geada, que começa com ele danos graves, e começa limiar de geada é sempre abaixo de zero, ea maioria dos tipos de vegetais afetados entre os dois graus (-1-6 ° C), como batatas, onde eles são capazes de resistir a geada para a fase de

[1] Abdel-'Aal, Zidane Al-sayed. *Verdes (produção)*, 2, Alexandria, 1977, p. 230-231.
[2] Mousa Ali. Resumo da Climatologia Aplicada, pp. 142-145-146.
[3] Mousa Ali. Resumo da Climatologia Aplicada, pp. 145-146.

botões florais em (-2 ° C) e em durante a fase de floração, quando (-2 ° C), enquanto que a fase de frutificação, a resistência à geada deve ser em (-1 ° C).

O quadro (13) mostra a amplitude da diminuição da temperatura registada na região de Minia, as vagas de frio e as geadas causaram graves danos aos produtos hortícolas, especialmente à cultura do tomate, que sofreu durante muitos anos um declínio da produção devido às temperaturas muito baixas e à ocorrência de geadas consecutivas, especialmente durante as estações muito frias do inverno, e as batatas não toleram as geadas.

E. Separar o crescimento:

Passos necessários para a temperatura acumulada da planta:

Todas as plantas necessitam de um determinado número de calorias (temperaturas acumuladas), desde a data de plantação até à maturidade, partindo do crescimento térmico mínimo, que é conhecido como crescimento zero, que não é um para cada planta, e claro, esta data pode definir a maturidade, muitas vezes o que utilizou o calor acumulado como forma de prever a data de maturidade de algumas culturas[1]

(Quadro 14) mostra que as temperaturas acumuladas necessárias para cada um dos pepinos e batatas grandes durante a estação de crescimento, e neste verão, a província de Minia tem um sol brilhante durante longas horas, dando uma oportunidade para essas culturas completarem o seu crescimento.

2. A luz do sol e a sua relação com a produção de vegetais:

As culturas agrícolas necessárias variam de luz - em termos de intensidade e período - dependendo da planta, mas o tipo de luz tem um certo efeito sobre as culturas, as plantas usam os pacotes de raios do espetro visível, e joga ao longo das ondas, e a intensidade da luz e a duração do período ótico de grande importância no crescimento das plantas, e se a luz não é muito necessária para a germinação porque as sementes germinam no solo longe da luz, mas, assim que o aparecimento da planta acima da superfície (solo) mostra o efeito da luz, e, portanto, precisa da planta para realizar a fotossíntese[2] .

A taxa óptima de crescimento da planta é atingida quando a intensidade luminosa se situa entre (8-20) um quilo lux, e as figuras seguintes mostram os valores ópticos em que se atingiram as condições óptimas de floração e frutificação, (pepino 2400 Lux - rabanete 400 lux)[3] . Muitas vezes, devido à floração e às quantidades abundantes durante a estação de crescimento, a luz forte disponível, enquanto a planta representa a composição das pernas nas folhas e flores, conta no caso de a quantidade de luz não ser suficiente (Quadro 15).

O fotoperíodo, que afecta a formação de flores e frutos, também afecta o crescimento vegetativo, e a formação de bolbos e tubérculos, e no desenvolvimento de raízes. As plantas de acordo com a duração do dia são divididas em três secções:

A. Plantas de dia curto, (cerca de 10 horas de luz solar), como na opção.

[1] Mousa Ali. Resumo da Climatologia Aplicada, pp. 145-146-147.
[2] Al-habasha, Kamal Muhammad. Basics greens, Cairo, 1992, p. 72.
[3] Badawi, Muhammad Abdul Majeed. Vegetables, Cairo, 1998, pp. 111.

B. Plantas de dia longo, estas florescem quando o dia é longo (14 horas) de sol, quase como as cebolas, os espinafres e as beterrabas.

C. Plantas neutras, que são menos sensíveis ao período de luz do dia e podem produzir em qualquer período de iluminação e em todas as estações do ano, como a batata, a couve e a alface[1] .

---

[1] Mousa Ali. Resumo da Climatologia Aplicada. pp. 146-147.

3. A humidade e a sua relação com a produção de produtos hortícolas:

A água, nas suas várias formas, desempenha um papel fundamental no crescimento e na produção de todas as culturas. As plantas precisam de água da chuva ou de outras formas de precipitação ou de irrigação a partir de poços, rios, e não há indicação de que as culturas económicas obtenham toda a humidade da água, do ar e do vapor, como as plantas não económicas[1] .

A. A importância da humidade do solo:

A par da importância da abundância de água da chuva ou da rega, também a disponibilidade de água no solo deve ser importante, para que a planta possa beneficiar dela, e a planta aproveita toda a água do solo, pois só parte dela será capaz de ser absorvida pelas raízes. Sempre que a quantidade de água do solo diminui, menos quantidade útil da planta, esta chega a um ponto em que deixa de crescer e desvanece, a quantidade de água no solo neste caso é chamada de fator de murchamento, e então torna-se urgente a necessidade de abastecer o solo com água.

B. A importância da humidade do ar:

O maior impacto da humidade atmosférica resulta do impacto na transpiração das plantas, o que se reflecte no seu impacto em todas as características das plantas. Além disso, a disponibilidade de humidade atmosférica pode reduzir as necessidades hídricas da planta. A falta de humidade leva à possibilidade de murchamento da planta em caso de perturbação do equilíbrio hídrico no seu interior, pelo que quando se aumenta a quantidade de água perdida no processo de transpiração em relação à absorvida pela planta a partir do solo, a falta de humidade leva também à queda das flores e de alguns frutos da década recente, ao mesmo tempo que se encontra ajuda para formar frutos sólidos com um núcleo de doce espesso e de bom sabor como na melancia.

4. O vento e a sua relação com a produção de produtos hortícolas:

O efeito do vento varia de acordo com o tipo, a gravidade e o tempo de sopro, os ventos afectam a produção agrícola direta ou indiretamente, prejudicam o vento severo das plantas e ajudam a aumentar a taxa de evaporação e a perda de água da vegetação através da transpiração e, em seguida, a água necessária para cada planta a quantidade de parar a transpiração das taxas, como a planta toma a água compensa as perdidas por transpiração, mas eles ajudam a transferência de pólen entre as plantas, e transmissão de insectos[2] , vento e ajuda, bem como a perda de parte de uma cultura especial proporções exactas como no trigo e gergelim, e na província de Minia Nós achamos que o vento soprando do norte mais do que qualquer outra direção, onde foi (41.8%).

5. A produção de produtos hortícolas na província de Minia

Os produtos hortícolas são agrupados em vários grupos, pelo que se trata de um composto especial dentro do composto de culturas agrícolas, com uma superfície total de (82 325)

---

[1] Mousa Ali. Resumo da Climatologia Aplicada, p. 147.
[2] Al-Deeb, Mohamed Mahmoud Ibrahim. Agricultural geography, Cairo, 1982, p. 83.

hectares, e inclui este composto (24) rendimentos, desde o tomate e a melancia, o pimento e o peru até aos espaços mais pequenos.

A partir da tabela acima, é evidente que :(Tabela 16).

A. Em Samalout, as terras de cultivo alargaram-se devido a uma área de terras recuperadas a oeste, o que levou a um aumento de algumas áreas de cultivo, como o tomate, o aumento do espaço para o alho nos centros de Beni Mazar e Matai e Maghagha, bem como para as cebolas, especialmente no inverno, que é concentrado pelo inimigo, aumentando o espaço para as cebolas ao nível da província de Minia devido a culturas rentáveis.

B. Greens South region of the province, pelo menos, devido ao aumento das culturas de rendimento, como a cana-de-açúcar e o algodão.

C. Alargamento dos centros verdes Samalout, Mallawi e Minia, e essa população concentrada nas zonas urbanas, e o elevado custo de vida em algumas zonas urbanas, e o consequente consumo frequente de produtos hortícolas.

D. Além disso, a produtividade por hectare desempenha um papel importante no aumento do produto das Verduras, apesar da estabilidade da área de hortaliças, devido às novas sementes de hortaliças, e essas sementes suportam as altas temperaturas no verão e a alta umidade do ar.

E. Flutuação das verduras entre o espaço de inverno e o espaço de verão, porque o espaço dos pepinos de Platão, especialmente a melancia, sobretudo após a migração da mão de obra especializada no seu cultivo.

Quarto: O impacto do clima nas doenças dos produtos hortícolas

As doenças dos legumes - em particular, as doenças das plantas em geral - são importantes para os seres humanos, onde os danos às plantas e aos seus produtos, e os factores ambientais e os verdes da doença, os legumes precisam de temperaturas mínimas para crescerem e continuarem a funcionar, geralmente as baixas temperaturas prevalecem durante o inverno e o início da primavera e o final do outono, o menos necessário para a maioria dos agentes patogénicos, e, portanto, a doença geralmente não começa ou pode parar durante esses períodos, mas recupera rapidamente se as condições térmicas melhorarem, diferentes agentes patogénicos, dependendo do calor alto ou baixo, e há espécies para se espalharem para áreas ou períodos de calor é relativamente menor, enquanto muitos deles preferem temperaturas mais quentes, e doenças causadas por diferenças de temperatura como segue:

1. Podridão mole bacteriana ou perna preta

Os sintomas de mofo suave nos tubérculos em manchas de cor escura aparecem, com um baste interno mofado continuam durante o armazenamento, tubérculos infectados - geralmente - não têm um odor forte, mas seus outros organismos levam ao surgimento de um forte cheiro repulsivo, e lesão nas costas em graus mais altos calor, até a lesão dos tubérculos através das pernas do chão, e não necessariamente obter todas as hastes da planta, e bactérias causadoras de doenças vivas no solo e tubérculos infectados[1] . Para combater a doença devem ser efectuados os seguintes cuidados:

A. Seguir a rotação de três culturas ou a rotação quádrupla.

B. No início do cultivo do ciclo de verão, tanto quanto possível.

C. Tubérculos tratados com antibióticos.

D. Eliminação de tubérculos infectados[2] .

2. Queimaduras solares: (Acaros - doença do tomateiro)

Em circunstâncias normais, o efeito da luz na evolução da doença é muito pequeno, porque algumas doenças são fortemente afectadas pela luz, verificou-se que reduzir a intensidade da iluminação antes da infeção - normalmente - aumenta a suscetibilidade dos parasitas das plantas, como a fusariose no tomateiro e o mofo-botrópico na alface e no tomateiro, mas esta suscetibilidade diminui para outros parasitas, como a ferrugem.

Uma das doenças que mais expressa o efeito da luz na doença vegetal é a doença das queimaduras solares, o Acaros rasteja lentamente na superfície das folhas, caules e frutos do tomateiro, é absorvido durante este conteúdo celular, a infeção começa normalmente perto da superfície do solo, progredindo depois para a parte superior do fruto - em geral - fica com queimaduras solares quando exposto ao sol, uma planta verde à luz solar forte diretamente. Prevenção da infeção por queimaduras solares:

A. As variedades que cultivam rebentos fortes, que cobrem os frutos, são boas variedades.

B. Plantar variedades que proporcionem uma sombra parcial dos frutos, expondo-os assim gradualmente ao sol, e que sejam menos sensíveis a lesões.

C. O combate às doenças e aos insectos é bom, por isso não se perdem os rebentos vegetativos que protegem o fruto do sol[3] .

3. Raridade **precoce**

O vento é um fator ambiental importante, que ajuda a transferir os germes das plantas infectadas para as plantas saudáveis, o efeito do vento é claramente prejudicial, especialmente o vento que sopra durante a primavera (siroco), e as doenças mais importantes em que o efeito do ar ou do vento é evidente na transferência de germes é a escassez de doença precoce, a infeção é caracterizada pelo aparecimento de grandes manchas cinzentas nas folhas para a estrutura da cor.

Para combater a doença deve considerar o seguinte:

A. A utilização de sementes sãs na agricultura.

---

[1] Hassan, Ahmed Abdel Mon'eim. Integrated farming methods to combat diseases and pests of vegetables, Cairo, 1998, p. 27.
[2] Hassan, Ahmed Abdel Mon'eim. Integrated farming methods, pp. 104-105-106.
[3] Hassan, Ahmed Abdel Mon'eim. Integrated farming methods, pp. 106-156.

B. Seguir o ciclo tri-agrícola.

C. Tubérculos colhidos depois de terem atingido a maturidade, porque os tubérculos imaturos são mais susceptíveis à infeção.

D. seguir o programa de pulverização de fungicidas preventivos é semelhante ao programa utilizado no caso da escassez tardia[1] , onde a influência da humidade - também - para começar a oferecer a lesão e que múltiplas e inter-relacionadas maneiras, parece ser o mais importante desses efeitos estão concentrados na germinação de esporos de fungos, a doença nas folhas começa a formar manchas de forma irregular com aparência de água, e aparece nas bordas da superfície inferior do papel no ar húmido, este crescimento fofo do fungo não consiste na superfície inferior das folhas, mas em humidade relativa mais elevada (91%), em seguida, folhas secas e ganhando cor castanha, e, em seguida, espalhando-se incluindo lesão para os pescoços das folhas e caules. Métodos de controlo:

A. Não plantar batatas após a sessão, bem, não plantar tomates perto de campos de batatas.

B. Polvilhar periodicamente os viveiros com fungicidas de ocasião.

C. A falta de irrigação por aspersão de forma adequada à propagação da doença e às condições ambientais.

D. Remoção das folhas inferiores infectadas no pulgão do cultivo protegido.

E. Polvilhar plantas de tomate - na fase de crescimento da sexta folha verdadeira até ao sétimo aminoácido é proteína - levou à proteção da infeção por fungos.

F. Plantação de variedades resistentes.

Evidente da oferta anterior, a necessidade de uma multiplicidade de formas e meios para lidar com essas doenças, e trabalhar para combatê-las e atacá-las em todas as fases de crescimento da planta, de modo a obter uma boa colheita e abundante livre de doenças[2] .

Quinto: Métodos de luta contra as doenças dos produtos hortícolas

a disponibilidade de informação adequada sobre os sintomas e as causas do desenvolvimento de doenças das plantas, são muito úteis em termos de tornar possível conceber ou encontrar formas eficazes de combater estas doenças e aumentar a quantidade e a qualidade da produção das culturas, e os métodos de controlo variam de doença para doença.

1. Formas legislativas ou regulamentares [3]

Resumidamente, ao impedir a introdução e a propagação de agentes patogénicos no país ou na região em que a quarentena e a inspeção internacionais, para que se possa manter um ambiente local limpo das causas da insatisfatória finalidade estranha à planta Proteção da

---

[1] Hassan, Ahmed Abdel Mon'eim. Integrated farming methods to combat diseases and pests of vegetables, Cairo, 1998, p. 156.
[2] Hassan, Ahmed Abdel Mon'eim. Tomatoes, Arab House for Publishing and Distribution, Cairo, 1994, p. 84.
[3] Al-Sharkawy, Taha Ahmed. *Plant diseases*, Cairo, 1985, p. 35.

saúde, a legislação de quarentena proíbe ou determina a entrada e a passagem de etiologia é presença desconhecida, bem como de plantas e seus produtos.

A quarentena internacional divide-se em dois grupos:

A. Quarentena total:

que pode impedir a entrada de certas plantas ou de parte das suas partes.

B. Quarentena organizacional:

autoriza a entrada de certos vegetais ou de uma das suas partes no interior da região interdita e autoriza a entrada de vegetais ou das suas partes após tratamento químico e térmico.

C. Quarentena Pátria:

impõe-se em caso de aparecimento de uma nova doença numa zona específica do Estado e impede a transferência de plantas infectadas ou das suas partes dessa zona para outras zonas.

D. Caminhos agrícolas:

O objetivo destes meios é conseguir o controlo, através das actividades de um ser humano, do tratamento das plantas do ponto de vista agrícola e genético, e incluem os caminhos agrícolas a seguir indicados:

2. Transacções agrícolas

A. Remoção e exterminação de ervas daninhas:

Isso faz com que o crescimento das plantas seja duas vezes maior, o que pode ser um refúgio para muitos agentes patogénicos das plantas.

B. Datas de plantação:

Deve seguir as datas mais adequadas para a agricultura, de modo a reduzir ao máximo a incidência de várias doenças das plantas, como por exemplo, no início do cultivo da batata.

C. Distâncias das culturas:

As dimensões ocasionais entre plantas no campo, evitam o aumento da acumulação de humidade sobre e entre as partes dos rebentos.

D. fertilização adequada:

A sua capacidade de aumentar o crescimento das plantas, e a sua capacidade de aumentar o nível de resistência das plantas a um certo número de fungos patogénicos, dependendo do tipo e da quantidade.

E. A moderação na irrigação:

Organizado de acordo com as necessidades da cultura, porque o aumento da irrigação por obras necessárias para enfraquecer o sistema radicular das plantas, expondo assim a cultura a doenças, por exemplo, doenças ecos conveniência de alta umidade.

E. A moderação na irrigação:

Organizado de acordo com as necessidades da cultura, pois o aumento da irrigação por muito, trabalha para enfraquecer o sistema racicular das plantas, expondo assim a cultura a doenças, por exemplo eco doenças conveniência de alta umidade.

F. Seguir o ciclo agrícola adequado:

Ter em conta, na conceção do ciclo agrícola, que as culturas são sucessivas e não são afectadas pelas mesmas doenças, podendo assim reduzir a propagação de agentes fitopatogénicos.

3. Métodos biológicos [1]

Os métodos biológicos utilizados limitam-se a resistir às doenças das plantas, à utilização de variedades resistentes para alguns agentes patogénicos, bem como à utilização de micro-contraste ou parasitar objectos patogénicos.

A. Plantar variedades resistentes:

Este método representa a melhor forma de combater doenças como a murchidão, bem como vírus e doenças, bem como o reverb, e não há melhor forma de variedades resistentes, o que proporciona a única forma de produzir uma cultura aceitável

B. os tipos de resistência:

Representa o calor em todas as suas formas, sendo a forma mais natural e comummente utilizada na resistência das plantas às doenças, podendo ser utilizadas temperaturas altas ou baixas, bem como vários tipos de radiação térmica.

1. Esterilizar o solo com calor: A desinfeção do solo em estufas, e por vezes no berço das sementes através do calor portátil no vapor ou água quente, a esterilização do solo está completa quando o calor no ponto mais proeminente até (82 ° C) durante meia hora, e a esta temperatura mata todos os agentes patogénicos.

2. A exclusão de certos tipos de vírus do calor das plantas: Este método tem sido utilizado com sucesso em muitas doenças virais, com plantas activas de ar quente expostas a uma gama variável de (35 ° C) a (40 ° C).

3. Membro armazenado tratamento de ar quente: Membros que expõem este ar quente, levando à remoção do aumento da humidade das superfícies destes órgãos vegetais, tais como expor as raízes da batata a temperatura (28-32 ° C) durante duas semanas.

4. Métodos químicos:

A resistência química às doenças das plantas no campo e nas estufas e, por vezes, no armazenamento é a forma mais prevalecente, sendo conseguida através da utilização de produtos químicos tóxicos para as causas das doenças.

---

[1] Mohammad, Reza Sidqi. *Plant Diseases and Control*, Cairo, 1998, p. 21.

Formas de utilização de produtos químicos para o controlo de doenças[1] :

A. Pulverização ou nebulização de rebentos.

B. Tratamento das sementes:

Normalmente, as sementes, tubérculos, bolbos e raízes são tratados com pesticidas para evitar o apodrecimento após a plantação, como resultado do ataque aos organismos patológicos portáteis que vivem no solo.

C. Tratamento do solo:

Solo estomacal normalmente tratado para o cultivo de vegetais com alguns compostos voláteis, resistência a nemátodos, fungos e bactérias.

Tipos de produtos químicos utilizados na luta contra as doenças dos produtos hortícolas:

Compostos de cobre: É uma mistura ou mistura de Bordeaux dos fungicidas cúpricos mais comercializados habitualmente utilizados e aceites como tendo efeitos contra muitos fungos e bactérias que infectam manchas de papéis, orvalho e antracnose e míldio.

Compostos de enxofre:

A. Compostos inorgânicos de enxofre:

O enxofre elementar é utilizado em várias imagens como pulverizadores, enxofre de mesa húmido, uma pasta ou loção para combater o oídio em muitas plantas.

B. Compostos orgânicos de enxofre:

Estes compostos incluem os tiocarbamatos, como o Thiram e o Manib, e estes veículos são utilizados para o tratamento de sementes, bolbos e espaços verdes para combater as doenças dos rebentos.

5. Derivados do benzeno:

Foi demonstrada a toxicidade de muitos derivados do benzeno contra objectos farinhentos, muitos dos quais são utilizados como pesticidas para fungos, comercialmente, sendo os mais importantes destes compostos o nitroclorobenzeno, o diclorano (Putran), o karthayeen e o daconeel[2] .

6. Resistência fisiológica:

Também é chamado de resistência química, devido à planta bioactiva, levando à morte do parasita ou parar ou impedir a sua extensão exigida pelo alimento, e as características fisiológicas características especiais

A. A presença de substâncias inibidoras do crescimento:

---

[1] Mustafa, Ahmed Mahmoud. *Chemicals and plant diseases*, Centro de Investigação e Estudos Agrícolas, Faculdade de Agricultura, Universidade de Minia, 1994, p. 65.
[2] Mustafa, Ahmed Mahmoud. *Chemicals and plant diseases*, p. 65.

Trata-se de uma substância química presente nas células do hospedeiro, que actua para impedir a morte dos parasitas ou fornecida como antibióticos, óleos e compostos fenólicos, por exemplo, algumas variedades de tomate resistentes à doença da murchidão.

B. Teor nutricional do sumo:

Os trabalhos que visam aumentar a viabilidade da planta à infeção, ou aumentar a resistência às doenças, como os sais na couve, reduzem a incidência do amarelecimento.

7. Resistência morfológica:

É o efeito da forma da planta e montada sobre a incidência, por exemplo, a espessura das células da pele, tem um impacto significativo sobre o aparecimento de certas doenças, tais como doenças de reverberação.

A. Resistência vertical:

Também designada por resistência especializada, em que a variedade de planta é altamente resistente a algumas estirpes do agente patogénico e suscetível a algumas das outras, dependendo do genótipo.

B. Resistência horizontal:

Também chamada de resistência de campo ou resistência parcial ou resistência é especializada, e onde a variedade de planta resistente a vários graus para todos os objetos estirpes de patógenos.

Como se depreende da oferta anterior, a diversidade de formas e meios de resistir às doenças das plantas em geral e dos produtos hortícolas em particular, desde os procedimentos internacionais, aos procedimentos especiais para os agricultores e à política de controlo das doenças das plantas, para que a cultura fique livre de doenças distintas, e a investigação científica continua a decorrer na procura de uma melhor forma de eliminar definitivamente as doenças dos produtos hortícolas.

Factores geográficos que afectam a distribuição do gado,

O número de cabeças de gado varia de local para local na província de Minia. Há zonas onde o número de cabeças de gado ronda o meio milhão, como no centro de Mallawi, e zonas com pouco mais de 100.000 cabeças, como Bani Mazar, devido a vários factores geográficos:

Primeiro: fecho de correr plantado

O fecho de correr cultivado é um fator geográfico que afecta a distribuição dos animais, especialmente na ausência de pastagens naturais, e a relação recíproca entre as terras agrícolas e os animais. Estas fornecem aos animais matéria-prima para alimentação. Enquanto os animais contribuem para aumentar a fertilidade do solo, adicionando aos seus componentes fertilizantes orgânicos[1].

As terras agrícolas foram sujeitas à expansão das actividades urbanas, à necessidade de redes ferroviárias, ao estabelecimento de instalações públicas, etc.[2] , o que leva à existência de terras agrícolas exploradas noutras actividades não agrícolas, tais como edifícios governamentais e edifícios residenciais. Universidade de Minia na zona das melhores terras agrícolas.

A expansão da reconstrução e da habitação criou muitas actividades não agrícolas nas terras agrícolas, o que contribui para a erosão das terras agrícolas. Por conseguinte, o desenvolvimento animal tem de prestar atenção à expansão horizontal da agricultura para compensar a invasão urbana das terras agrícolas em resultado do aumento da população[3] , que tem um impacto significativo no preço dos produtos agrícolas, no preço da terra, no nível de rendimento e no custo da mão de obra[4] .

Apesar das tentativas sérias de aumentar as terras aráveis, a área agrícola está a aumentar numa percentagem muito pequena, após um esforço desgastante e custos pesados, embora este aumento seja em terras agrícolas e em algumas áreas da província[5] .

O quadro (17) e a figura (2) mostram o seguinte:

A. A distribuição da liderança agrícola nos centros da província diferiu e a distribuição das unidades animais diferiu. Os centros de Malawi, Samalut e Minia (14,4%, 14,6% e 13,7%, respetivamente) tinham a percentagem mais elevada de controlo agrícola (42,7% do total da província) (49,4%). Este facto é confirmado pelo coeficiente de correlação geográfica[6] entre a área plantada e as unidades animais, que é de 0,8, o que constitui uma forte correlação que mostra o efeito da área plantada na distribuição das unidades animais, se não o único efeito na distribuição.

---

[1] Instituto Nacional de Planeamento, Agricultural Development in Egypt, Part One, Planning and Development Issues in Egypt, n.º 21, Cairo, fevereiro de 1990, p. 58.
[2] Newbury, A.R., Geography of agriculture, Londres, 1984, p.77.
[3] Richard, A.P., Migration mechanization and agricultural markets in Egypt, U.S.A., 1983, P.144.
[4] Grigg, D. B., Population growth and agrarians change and historical perspective, Londres, 1980. P.24.
[5] Robinson, H. (1969). Human geography, Londres, p. 95.
[6] Coeficiente de correlação geográfica, Ver: Saif, Mahmoud Mohamed (1985). Industrial Sites, Cairo: Biblioteca Nahdet Al-Sharq, p. 357.

B. Bani Mazar, Abu Qurqas e Maghagha foram seguidos por 35,3% da população total da província, enquanto 24,7% do total das unidades se encontravam na província. A percentagem da área de controlo das unidades nos outros dois centros aumentou devido à disseminação de cultivares e legumes e ao aumento da proporção de pequenos ruminantes e animais. Além disso, a produção das terras abaixo situava-se nos centros de Al-'Odwa, Maghagha e Bani Mazar[1] , o que pode ser compensado por terras recuperadas.

C. No final, os centros de Al-'Odwa, Matay e Deir Muwas com a menor proporção da área de liderança agrícola, que ascendeu a 22,0%, e inclui 25,9% do total de unidades animais na província.

D. Quanto à relação do fecho de correr plantado com as espécies animais, a correlação geográfica entre bovinos, búfalos, ovinos, burros e fecho de correr é de 0,8; trata-se de uma ligação direta com a criação de gado nas zonas agrícolas de fecho de correr e, com a expansão agrícola, a necessidade de animais prenhes e de armadilhas é particularmente importante para contribuir para as operações agrícolas. A correlação geográfica entre zíperes cultivados, cabras e cavalos é de 0,7, o que também é uma forte ligação correlativa, onde a mesma raça de ovelhas é criada em resíduos de culturas, enquanto os cavalos precisam de altos rendimentos para gastar. Enquanto a relação entre zebra cultivada, camelos e mulas era de 0,6, onde camelos e mulas em suas dietas precisavam de grandes quantidades de alimentos processados, o que os concentrava em áreas que estavam associadas à sua utilidade no trabalho.

E. A imagem anterior da autoridade agrícola e das unidades animais confirma que a relação está interligada e que a expansão da liderança agrícola funciona para aumentar a produção animal. Isso exige também o aumento do número de animais que apoiam as operações agrícolas, como a pecuária. Para tal, investe-se na aquisição de pequenos animais à margem da produção agrícola, para alargar a base de produção de proteínas animais.

Terras e gado recuperados

A expansão horizontal da agricultura é vital como um dos aspectos do desenvolvimento económico, especialmente após a aparente diminuição da área agrícola e de cultivo per capita em resultado do aumento da população e da erosão das terras agrícolas. A maior parte das terras agrícolas está concentrada nas aldeias recuperadas do centro de Al-'Odwa, para além das terras viradas para Abu Qurqas e Deir Mawas, uma extensão das antigas aldeias a oeste. Através do estudo destas aldeias, verificou-se o seguinte:

A. A composição das culturas varia nestas aldeias, com o trigo a ocupar o primeiro lugar, com uma área de 19025 feddans (41,6% da área total de terras cultivadas na recuperação da província)36,7%). O se no centro de Samalut (-. A maior percentagem de trigo encontra [2] trevo (nas variedades permanente e hegazi) ocupa 6351 feddans, representando 13,8% da área total de cultivo.

B. De um modo geral, Al-'Odwa, Samalut e Minia são as principais zonas de cultivo, nomeadamente as aldeias de Al-Azima e Samalut. A aldeia está situada na aldeia de Al-

[1] Al-Zouka e Hamed, Mohamed Khamis e Nawal Fouad (1991). Geography of the countryside, Alexandria: Universidade Dar Al Maarifa, p. 460.
[2] Direção da Agricultura, Departamento de Estatística, referência anterior.

Azima. A aldeia inclui 13 projectos de criação de gado. Os projectos da Autoridade Evangélica contam-se entre os projectos pecuários mais importantes em termos de dimensão do gado e do capital investido, e estes projectos têm todas as especificações necessárias em termos de alojamento e tipo de alimentação, bem como o plano de comercialização da produção fora da província através de veículos equipados com transporte de leite. Enquanto os habitantes das aldeias de recuperação vendem os produtos lácteos nas aldeias vizinhas.

C. Para além dos projectos anteriores, há alguns animais que são criados nas aldeias recuperadas. Estima-se que existam 8920 cabeças de ovinos, 3940 cabeças de caprinos, 8842 cabeças de bovinos e 928 cabeças de búfalos. Em 2008, o Governo, com base em fundamentos científicos, tentou contribuir para resolver a crise da carne, e a maior parte dos projectos baseia-se na alimentação verde em grandes quantidades de alimentos concentrados.

D. Por último, a estrutura das culturas nas áreas de recuperação não ajuda a expandir a criação e o desenvolvimento da pecuária - uma vez que as novas terras são menos férteis e, por conseguinte, menos produtivas e rentáveis, estimando-se que o custo da recuperação e do cultivo das novas terras é cinco vezes superior ao custo do cultivo das antigas terras do vale, Trata-se de um dos tipos de investimento mais rentáveis, mas que exige esforços concertados de indivíduos e entidades responsáveis.

Segundo: Posse de terras agrícolas

A posse é definida como uma superfície de terra e deve ser constituída por uma ou mais parcelas que explorem a produção agrícola, no todo ou em parte, pelo titular, através do Rei ou da renda, ou de ambos. O titular pode ser uma pessoa, organismo, sociedade ou empresa[1] .

Estes são indicadores das condições económicas e sociais do país, especialmente nas zonas rurais[2] . É também uma base para a produção de alimentos para os seres humanos, animais e serviços industriais através do tipo de terra utilizada[3] , que está intimamente relacionada com os custos de produção das culturas e do rendimento[4] . As pequenas explorações na sua área têm uma produção relativamente elevada em comparação com as explorações maiores[5] .

O estudo mostrou que as categorias de posse agrícola variavam entre 65% e menos de 1 feddan e 25% e menos de 3 feddans. Enquanto 5,7%, 1,3% para ambos os grupos são menos de 5 feddans e menos de 10 feddans, e os restantes 3% para a última categoria (10 feddans ou mais). [6]

Tipos de propriedade na província de Minia

Os tipos de posse variam na província de Minia, como se pode ver no quadro seguinte:

---

[1] Jamal al-Din e Wafiq Mohammed. Agricultural Geography of Qalyoubia Governorate, Tese de Mestrado, Departamento de Geografia, Faculdade de Letras, Universidade de Minia, 1993, p. 84.
[2] Al-Deeb, Mohamed Mahmoud (1978). Geografia da Agricultura, Cairo: Biblioteca Anglo-Egípcia, p. 84.
[3] Nicholas, S., Agrarian transformation in Egypt, Cairo, Egipto, 1988, p. 56.
[4] Robinson, H. Human geography, p. 23.
[5] Robinson, H. Human geography, p. 24.
[6] Um estudo de campo nas aldeias da província de Minia em diferentes períodos do verão e do inverno e durante a fase de preparação da investigação (2006, 2007 e 2008).

A. A posse agrícola na província de Minia estava dividida em três tipos (o rei e o arrendamento). A posse do rei correspondia a 98,8% da área total das explorações na província de Minia. (43,8% do total de terras do rei na província). Este facto contribui para a expansão da aquisição de animais. Este tipo de posse representa 81,5% do total da amostra nas aldeias da província de Minia.

B. Seguiu-se o segundo tipo de explorações (arrendamento), que representa 1,0% do total das explorações da província. A percentagem mais elevada registou-se em Minia (29,1%), seguida de Mallawi (17,4%) e Abu Qaras (15,5%). A vastidão das terras agrícolas e o número de pequenas propriedades, na sua maioria arrendadas para o cultivo de trevo no inverno e de ceifa no verão ou para o cultivo de legumes na periferia das cidades e das aldeias vizinhas. Este padrão representa 14,1% da amostra do estudo de campo nas aldeias da província. No centro de Matai, devido à elevada proporção de trabalhadores dos Estados do Golfo (como se verificou durante o Campo dos Emirados), a propriedade de terras agrícolas é o investimento mais importante para eles, para além do retorno da maior parte das terras agrícolas arrendadas aos proprietários após a emissão da lei que regula a relação entre o proprietário e o arrendatário.

C. A percentagem de terras aráveis atingiu o valor mais baixo de 0,2% do total das propriedades. A maior parte delas concentrava-se no centro de Abu Qirqas, que representava 96,0% do total das propriedades na província de Minia. Este facto deve-se à falta de expansão das terras recuperadas, devido à escassez de terrenos desérticos adequados para a agricultura a oeste, que pertencem ao centro de Abu Qirqas. Os beneficiários deste tipo representam 3,1% do total da amostra.

D. Outro padrão emergiu do estudo de campo das aldeias da amostra, nomeadamente, a participação na propriedade ou aluguer de uma parcela agrícola de não mais de um feddan para alimentação do gado durante as épocas de plantação de inverno e verão, representando 3,1% da amostra total.

E. A distribuição do tipo de posse em cada centro é coerente com a sua distribuição ao nível da província ou do centro. (O quadro 18 mostra que a quota-parte do rei no total das explorações em cada província atingiu 97,4% e 99,9% do total das explorações nos centros de Abu Qirqas e Bani Mazar, respetivamente.

F. É claro a partir do acima exposto que a aquisição de indivíduos a terras agrícolas vem em diferentes formas e variada propriedade de terras agrícolas, o que dá a capacidade de adquirir animais, e controlar a posse da quantidade de alimentos suportados quando desembolsado para criadores, como a quantidade de farelo extraído da Central Mills Company, Essa posse controla o número de animais comprados por fazendas.

Aquisição e aquisição de animais

As diferentes categorias de posse na província de Minia, como já foi referido, mostram o grau de aquisição dos proprietários de animais de diferentes tipos, como se pode ver no quadro 19:

A. A percentagem de proprietários de animais da amostra nas aldeias da província de Minia representava 100% em todas as categorias de posse, e a percentagem de posse de cada tipo de animais variava.

B. A percentagem de gado (vacas e búfalos) na categoria de posse (3-5 feddans), (10 feddans ou mais), embora os proprietários de animais (3-5 feddans) cultivem culturas medicinais, aromáticas, culturas, legumes e culturas de rendimento. Parte das terras agrícolas para forragem verde e criação de gado para os últimos proprietários (10 feddans ou mais), por vezes sob a forma de grandes projectos (50 cabeças de gado), especialmente a engorda de gado.

C. A proporção de proprietários de gado na primeira, segunda e terceira categorias de posse em comparação com outros animais para as mesmas categorias também foi atribuída a:

A. A dependência destes pequenos grupos em relação ao gado como fonte básica de subsistência através da venda de leite e produtos lácteos.

B. A prevalência do padrão de participação na propriedade de animais, que representa 12,2% da amostra total, especialmente na categoria de pequenas explorações.

1. A percentagem de explorações de ovinos e caprinos aumentou da terceira categoria de explorações (3-5 feddans) para a quinta (10 feddans e mais), e os caprinos e ovinos são normalmente criados sob a forma de rebanho, como no Quadro 19. A primeira e a segunda categorias correspondem ao número de caprinos e ovinos, desde duas cabeças, como no quadro (4), até dez cabeças.

2. A proporção de proprietários de animais na maioria das categorias de posse - onde as operações agrícolas dependem principalmente deles, com a sua quota na categoria de posse (10 feddans ou mais) - é mais elevada do que na categoria anterior;

3. Como mostra a (Tabela 19), existe uma relação entre as categorias de pequenas explorações e a dispersão dos rebanhos de animais, o que por sua vez levou à fraqueza da produtividade do leite e à dificuldade de recolha e baixa qualidade. Isto indica a dimensão da falta de retorno durante estas explorações[1] , e muitos deles trabalham fora da sua terra como trabalho após a conclusão do trabalho de pequena posse, o que não esgota toda a energia do trabalhador[2] .

Terceiro: Estrutura das culturas

Existe uma relação entre a composição das culturas nos centros da província de Minia, os tipos de alimentos para animais e a quantidade e, portanto, a extensão da sua contribuição para o desenvolvimento do gado, bem como a alimentação claramente sobre o número de animais e a produção de carne e leite, e as fontes de alimentação de que os animais dependem da sua variedade alimentar e o trevo mais importante e, em seguida, os restos de culturas de

---

[1] Ilhami e Saleh, Muhammad e Hadi Mohammed (1983). An Economic Study on Milk and its Produce in Egypt, External Note, Cairo: Institute of Regional Planning, p. 6.
[2] Mayro, Robert (1976). Tradução de Cruz de Pedro, a Economia Egípcia (1952-1972), Cairo, p. 295.

campo e legumes e frutas[1] .

A composição das culturas na província de Minia divide-se em culturas de inverno e de verão (para além do ciclo do Nilo) e culturas de longa duração. Estas representam 41,3%, 49,6% e 9,1%, respetivamente[2] . As culturas de inverno mais importantes são o trigo, o trevo e a tainha, e as culturas de verão são o algodão e o milho. Estas culturas, bem como as unidades animais que lhes estão associadas, variam de um local para outro. Como se pode ver no Quadro 20 e na Figura 3-4.

A. O milho ocupa o primeiro lugar na lista das culturas agrícolas em termos de superfície (33% da superfície total cultivada). A província de Minia ocupa o segundo lugar a nível da república[3] . O milho requer um clima sem geadas. A forte correlação, que confirma a sua utilidade como alimento para o animal, quanto à sua distribuição geográfica ao nível dos centros de conservação é evidente no (Quadro 4):

B. A área de milho está concentrada desde o centro de Samalut até ao centro de Mallawi. Os cinco centros representam 55% da área total de milho, compreendendo 61,9% do total de cabeças de gado, o que confirma o seu valor para a pecuária.

C. O trigo ocupa o segundo lugar em termos de área de cultivo, com 23,5% da área total de cultivo. A cultura do trigo é a cultura alimentar mais antiga e é talvez a mais antiga do seu género. Tem sido utilizado como alimento para os seres humanos desde os primórdios da história[4] .

o Uma vez que se trata de um alimento necessário para o ser humano e que a maioria das culturas está relacionada com a densidade populacional[5] , tal é evidenciado pela correlação geográfica entre elas de 0,7, que é particularmente forte com a transformação da aldeia produtiva em consumidora.

o A correlação geográfica entre a superfície de trigo e as unidades animais foi de 0,8, uma correlação forte que mostra a importância dos resíduos de trigo como alimento principal, a seguir à luzerna, e como alimento concentrado.

o Segue-se a produção de alfafa, alfafa e o antigo trevo da agricultura faraónica e alfafa. Não só parece, à primeira vista, o único "alimento principal para os animais" no Egipto, no inverno como forragem verde e no verão como secador seco, mas quase o mesmo "alimento da terra" em si, não só como fertilizante natural O azoto concentra o azoto no solo e actua como composto químico; mas também como corretor mecânico, deixando húmus orgânico que enriquece e se agarra ao solo arenoso solto e à desintegração do solo argiloso pesado.

o A luzerna também adiciona cerca de meio kantar de abobrinha por feddan por ano, o que

---

[1] Jamal al-Din, Mohamed Wafik. Features of the Geography of Animal Production in the Sultanate of Oman, Journal of the Geographical Society, n.º 38, 2, Cairo, 2005, p. 328.

[2] Direção da Agricultura, Centro de Informação e Apoio à Decisão, dados não publicados, Minia, 2006.

[3] Governação de Minia, Centro de Informação e Apoio à Decisão, Statistical Yearbook of Minia Governorate, 2006, p. 18.

[4] Al-Banna, Ali Ali (1967). Economic Resources, Beirute, p. 67.

[5] Hamdan, Jamal (1970). The Personality of Egypt, a Study in the Genius of the Place, 3, Cairo: Biblioteca Mundial do Livro, p. 324.

equivale a cerca de 6: 3 cachos de fertilizantes azotados com uma concentração de 1%[1] . Além disso, a luzerna é uma cultura difícil de deslocar de uma província para outra, apenas em zonas muito estreitas, e na província de Minia verificou-se que é o tipo de trevo mais importante[2] . Em 2006, a luzerna representava 15,3% da superfície total de terras cultivadas na província de Minia. A correlação geográfica entre a superfície de luzerna e as unidades animais é de 0,8, o que constitui uma forte correlação.

o O rácio de distribuição da área de alfafa nos centros da província aumentou devido ao facto de se tratar de um alimento necessário. Os centros de Minia e Bani Mazar estão no topo da lista destes centros, com 16,2% e 15,1%, respetivamente, da província. Em 2006). Verifica-se que a percentagem de unidades animais no centro de Bani Mazar é baixa, apesar da elevada percentagem de trevo, devido ao facto de a maior parte da produção se destinar ao centro de Matai.

o A percentagem mais baixa foi registada em Al-'Odwa e Deir Mawas (6,3% e 5,3%, respetivamente), dependendo do tipo de ciclo agrícola nos dois centros.

4. Para além das culturas anteriores, existem algumas culturas que alimentam os animais com os seus resíduos, incluindo a cultura do algodão, que representa 3,7% da área total da província. A província de Minia foi a primeira província do Alto Egipto em termos de área de algodão, representando mais de um terço da área de algodão no topo, e a correlação entre a área de algodão e as unidades animais foi de 0,5, o que constitui uma correlação média.

5. A percentagem da área de feijão municipal foi de 0,8% da área total cultivada na província de Minia, enquanto o coeficiente de correlação geográfica entre a área de feijão municipal e as unidades animais foi de 0,6, o que constitui uma correlação média.

- A área mais elevada da cultura situa-se em Al-'Odwa, Abu Qirqas e Bani Mazar. Compreende 61,5% da área total do feijão municipal na província. Estes centros representam 25,5% do total de unidades animais. A importância do feijão local é a leguminosa da população, o rendimento dos auxiliares e o fertilizante natural do solo. É cultivado no Alto Egipto, e é superior ao cultivado no Alto Egipto em termos de quantidade, qualidade e fama.

6. Existem também algumas culturas que são utilizadas para alimentar os animais, como a cana-de-açúcar, embora a correlação entre as unidades vegetais e animais seja fraca (+0,4).

7. Para além do acima referido, os animais também beneficiam de alguns resíduos de vegetais e frutos com uma área de 41128 feddans (5% da área total de cultivo), mas a utilização é incompleta devido ao uso excessivo de pesticidas, tornando-os inadequados para a alimentação animal.

8. A partir do estudo anterior e dos coeficientes de correlação entre os componentes da estrutura das culturas e as unidades animais, é necessário expandir o cultivo de culturas importantes, como as forragens verdes, ou as culturas que são deixadas para trás na

---

[1] Jamal al-Din e Wafiq Mohammed. Livestock in Menoufia Governorate, Tese de Doutoramento, Departamento de Geografia, Faculdade de Letras, Banha, Universidade do Cairo, 1999, p. 114.
[2] Mohammed, Mohammed al-Husseini. A Ketofarian study of the variables related to the meat problem in Egypt, tese de doutoramento, Departamento de Economia Agrícola, Faculdade de Agricultura, Kafr El-Sheikh, Universidade de Tanta, 1985, pp. 95-96.

introdução de alimentos concentrados, onde alguns estimam que a cabeça de búfalo ou vaca precisa de um feddans e meio para fornecer alimentos[1] . No entanto, ao cultivar o solo diretamente com alimentos da população, como os vegetais, é possível obter proteínas equivalentes às proteínas animais[2] . Além disso, é necessário sair do estrangulamento do problema da agricultura e da resolução de conflitos entre as culturas comerciais e as culturas alimentares[3] .

Para além do estudo das culturas anteriores, existem os alimentos concentrados e os alimentos não tradicionais, que serão explicados com algum pormenor no Capítulo 5, uma vez que os três tipos de alimentos cultivados, transformados e não tradicionais são a base do desenvolvimento da pecuária na província de Minia.

Quarto: Emprego agrícola:

O emprego agrícola representa o esforço exercido na produção agrícola, que inclui os detentores de posse, as suas famílias, os trabalhadores não remunerados e os assalariados[4] . A escassez de mão de obra agrícola afecta a estrutura das culturas, o que é contrário aos objectivos do sector agrícola[5] .

- O emprego agrícola também afecta a distribuição dos animais em termos do seu papel no cultivo de forragens e na criação de animais, tanto na educação doméstica como nas explorações económicas[6] .

- O emprego agrícola registou um decréscimo nos últimos anos, com salários mais elevados, especialmente porque o emprego agrícola aumenta a procura em determinadas épocas, nomeadamente o período da agricultura primária e a colheita, devido a várias razões, incluindo a transformação de novos empregos noutros sectores não agrícolas, como os serviços ou o artesanato, bem como a migração para os Países Árabes Petrolíferos e a migração para as cidades.

A dimensão da mão de obra agrícola:

O número de trabalhadores agrícolas na província de Minia em 1996 era de 465026 trabalhadores[7] , e em 2006 aumentou para 572194 trabalhadores a uma taxa de crescimento anual de 2,3%. (Quadro 21) e a Figura (4) mostram que o volume de mão de obra agrícola aumentou 23,0% em comparação com o aumento do tamanho das unidades animais, que

---

[1] Hanna, George Basile. The effect of the freeing of livestock from work on the provision of forrage, scientific symposium on the role of scientific research in the provision of forrage, Scientific Research Academy, Cairo, 1977, p. 99.
[2] Helman, Hull (1974). The problem of population inflation, traduzido por Mohammed Badr al-Din Khalil, Cairo: Dar Maarif, p. 78.
[3] Siddle, D., & Swindel, K. (1990). Rural change in tropical Africa, U.S.A., P. 159.
[4] Hamed, Nawal. Urban Transformation of the Egyptian Village, Geographical Research Bulletin, Department of Geography, Girls' College, Ain Shams University, n.º 22, abril de 1991, p. 22.
[5] Diab, Abdelkader Mohamed (1982) Egyptian Agriculture and Agricultural Development Plan in the Next Phase, Instituto Nacional de Planeamento do Cairo, p .45.
[6] Zekri, Abd al-Khaliq et al. (1967). The development of the labor force in Egypt is mainly for the rural labour force, Institute National Planning, Cairo, p. 61.
[7] Direção da Agricultura, Centro de Informação e Apoio à Decisão.

ascendeu a 49,2% durante os dez anos. É devido a:

A. Categorias não agrícolas no domínio da criação de animais, como os projectos de jovens licenciados e outros projectos de investimento para a produção animal (criação de gado leiteiro).

B. A taxa de escolarização nas zonas rurais da província aumentou 26,5% em 2006[1] em relação a 1996. O que levou à inscrição de alguns trabalhadores agrícolas noutras profissões que exigiam um mínimo de educação (alfabetização).

A Tabela 14 mostra a escassez de unidades animais no Centro de Minia em 2006 (-9,3%) em comparação com o aumento da mão de obra agrícola. Isto deve-se a vários factores, incluindo a diminuição da área de terras agrícolas, o encerramento de alguns projectos de engorda, sem os cultivar e engordar com as suas explorações.

Como mostra a Tabela 5 e a Figura 6: Distribuição da mão de obra agrícola por distribuição

A correlação geográfica entre trabalho e unidades atingiu 0,8, uma correlação forte.

Quanto à distribuição ao nível dos centros da província, é a seguinte

1. Os centros de Minia, Mallawi e Samalut compreendem 44,9% da força de trabalho total e 49,9% das unidades animais. Isto deve-se à área cultivada e à população rural (157.971 pessoas) com 46,6% do total da população rural da província. O emprego na terra é o único que pode explicar as diferenças de produtividade e o rendimento per capita[2].

2. Os centros de Abu Qaras, Maghagha e Bani Mazar são seguidos pelo rácio de emprego agrícola (36,5%), bem como 24,7% do total de unidades animais. A percentagem do aumento da mão de obra das unidades animais deve-se ao aumento da percentagem de pequenos ruminantes e ao padrão da estrutura das culturas nestes centros. Além disso, o emprego agrícola inclui homens e mulheres, especialmente com o aumento da população.

3. Por último, os centros de Matai, Al-'Odwa e Deir Mawas representam 19,6% do número total de trabalhadores, em comparação com 25,9%, com mais de um quarto das unidades animais da província. Este facto é atribuído à falta de controlo agrícola (22,0% do total do controlo agrícola na província) e à entrada da categoria dos investidores no domínio da produção animal, especialmente no centro de Matai.

Como se pode ver no Quadro 21 e na Figura 6:

A. A média de unidades animais de cada trabalhador aumentou de 2 unidades animais/trabalhador na região central e no Malawi, devido ao aumento de unidades animais, especialmente de gado, em comparação com o emprego.

B. O número médio de unidades animais por trabalhador variou entre 1 e menos de 2 em Minia, Abu Qurqas e Deir Mawas.

---

[1] Adult Education Authority, Illiteracy Program in Minya Governorate, dados não publicados, Minia, 2006.
[2] Thirlwall, A. P., Growth and development with special reference to developing economics, Hong Kong, 1983, p. 92.

C. A média de unidades animais era inferior a 2 unidades por trabalhador noutros centros da governação, como os centros de Maghagha e Bani Mazar (0,8 e 0,6, respetivamente), o que indica o aumento do número de pequenos ruminantes nos dois centros; O número de trabalhadores agrícolas e, consequentemente, os trabalhadores juntaram-se a outras ocupações que acompanham o trabalho original.

Para além do acima exposto, o declínic da parte do trabalhador agrícola das unidades animais em geral deve-se à fraca capacidade dos agricultores em termos de material para comprar animais a preços elevados, e à falta de alimentos necessários para as necessidades dos animais de alimentação de uma forma equilibrada ao longo do ano, para além do elevado preço dos alimentos para animais, custos de alimentação; reduzindo assim o lucro gerado pela criação.

Quinto: Mecanização agrícola

A liberalização do animal do trabalho agrícola e a sua transformação no seu principal objetivo, a produção de carne e leite, levará a um aumento dos produtos de origem animal. Por outro lado, os animais podem ser utilizados no processo agrícola em termos de preparação do solo e fornecimento de fertilizantes naturais para aumentar a produção agrícola, para os locais de consumo, o que leva a um aumento da aquisição de animais, especialmente aqueles diretamente relacionados com a atividade agrícola, como o gado, e a utilização de máquinas para aumentar o interesse pela pecuária (bovinos e búfalos), especialmente como fonte de rendimento.

Distribuição geográfica das máquinas agrícolas

A distribuição de maquinaria agrícola na província de Minia varia consoante a liderança agrícola, a área de cultivo e a capacidade física dos agricultores.

(Tabela 22) e a Figura (8) mostram:

A. O centro de Minia ficou em primeiro lugar com 13,9% do total de máquinas agrícolas, seguido pelo centro de Samalut (13,7%) e Malawi (13,6%), onde os três representam 42,1% e compreendem 42,7% do total da liderança agrícola na província.

B. Segue-se: Abu Qirqas (11,9%), Maghagha (11,7%) e Bani Mazar (10,7%). Estes três centros representam 34,3% do número total de máquinas da província Por .fim, os centros de Deir Mawas, Al-'Odwa e Matay representam 24,5% do total de máquinas agrícolas e 22% do sector agrícola.

C. Quanto à distribuição da mecanização ao nível dos centros, esta é apresentada:

1. As máquinas de irrigação ocupam o primeiro lugar, com 71,0% do total de máquinas. Estão divididas em dois tipos (35%) e móveis (65% do total de máquinas de rega na província). A tabela n.º 5 é devida a diferentes tamanhos e pode ser transportada de um lugar para outro no dorso dos animais, por exemplo, para além dos preços baixos, e quase nenhuma das casas dos agricultores que têm um feddan ou mais na província de Minia desta máquina, como ficou claro no estudo de campo das aldeias da amostra na província de Minia.

2. A máquina de pulverização (10,0%) surge quando os agricultores precisam de proteger as culturas das pragas.

3. Seguem-se os tractores agrícolas (9,8%), porque são a base do trabalho agrícola

A distribuição dos tractores a nível local está em grande parte relacionada com a dimensão das instalações agrícolas, o tipo de estrutura das culturas e a dimensão das explorações agrícolas.

4. Outras máquinas agrícolas, como as máquinas de topografia, diminuíram em número (8) porque estão presentes em algumas pessoas, mas as colheitas são recolhidas nas terras adjacentes, que são estudadas num dia num dos campos. A estreiteza da área agrícola controla em grande medida o grau em que os agricultores possuem máquinas agrícolas.

5. A distribuição relativa das máquinas dentro de cada centro era diferente. Em primeiro lugar, o centro de Minia representava 16,1% do total de máquinas de pulverização, enquanto os tractores no centro de Samalut (16,1% do total de tractores na província), 19,0% do total de máquinas de estudo na província.

6. A percentagem de mecanização no Centro Al-'Odwa também é elevada, apesar da pequena área cultivada (6,3%), em comparação com Matai e Deir Mawas (7,7% cada). Isto deve-se ao elevado nível de alguns agricultores. Uma máquina agrícola para alugar a recuperação de terras, e algumas aldeias e adjacentes ao centro de Maghagha como uma espécie de investimento devido aos preços elevados de algumas máquinas.

Para além do acima exposto, o estudo de campo de algumas das aldeias da província de Minia mostrou que o gado e os búfalos não são utilizados nas operações agrícolas e dependem da mecanização agrícola nas operações de irrigação e lavoura. Há também aldeias como Beni Kheir e Bani Sa'id (Abu Qirqas) Ali Bahr Yousef ainda é utilizado por burros, mas numa escala limitada.

A distribuição da maquinaria agrícola pode não ser um indicador da capacidade de servir o trabalho de campo e do grau de eficiência da maquinaria agrícola e da remoção de animais. Por exemplo, um único feddan da máquina requer três horas em média, enquanto são necessárias nove horas no equador.

Também se mostra que a capacidade do gado é equivalente a 4% da capacidade de deslocamento automático, 9% do trator de campo, 2% do trator de pomar e 0,5% da capacidade da máquina em estudo. Observa-se também que a taxa de desempenho animal é inferior à das máquinas em que o marido é animal até 0,5 feddans por dia. Enquanto a taxa de desempenho do trator de 8: 6 feddans por dia, um aumento de 1400% na lavoura, até 1200% na irrigação, e 600% no estudo[1] , onde a estimativa mínima estimada do feddan de energia mecânica por cerca de 0,5 HP para que a agricultura Eficiência, e mecanização agrícola desempenha o seu papel na produção agrícola[2] .

---

[1] Bakir, Mohammed al-Fathi. Breeding animals and their products in the province of the lake, tese de doutoramento não publicada, Departamento de Geografia, Faculdade de Letras, Universidade de Alexandria, 1984, p. 236.
[2] Ghoneim, Joseph (1981). Economics of Agricultural Mechanization, Cairo, p. 157.

Devido à importância destas máquinas e à sua utilização generalizada, a percentagem de proprietários destas máquinas na amostra do estudo foi de 41,4%. As máquinas mais importantes detidas pelos agricultores são as máquinas de irrigação com 23,9%, os tractores com 65,9% e 10,2% de outras máquinas. A área média de terreno agrícola utilizada por estas máquinas deve ser comparada com o objetivo estabelecido pelo Ministério da Agricultura para a mecanização (7 tractores, 2 semeadores e 6 reboques por 1000 feddans de terreno de cultivo)[1] . Este facto é ilustrado pelo quadro seguinte:

O número de tractores na província de Minia atingiu 8832 em 2006, servindo uma área de cultivo de 815917 feddans, o que corresponde a 10,8 tractores por 1000 feddans durante a época agrícola. Esta taxa atingiu 16,4 tractores/1000 feddans no centro de Matay, seguindo-se o centro de Samalut com 12,5 e o centro de Abu Qirqas e Minia com 11,2 e 10,8 cada, respetivamente, o que é superior à taxa geral da província em Abu Qirqas, como se pode ver no (Quadro 23).

É também evidente que a taxa de cada máquina agrícola por 1000 feddans de terreno de cultivo é superior à taxa aprovada pelo Ministério da Agricultura. Isto deve-se à disseminação da mecanização em todas as áreas da província de Minia, exceto em algumas zonas extremas, com áreas pequenas e dispersas, especialmente entre a ponte do curso de água e o próprio curso de água, como a margem oriental do Nilo.

Sexto: Factores ambientais e raças de animais:

Os animais e os seus produtos são afectados pelas características do ambiente geográfico. O clima é um dos factores ambientais mais importantes que afectam a aquisição de animais. Partilha com outros factores geográficos, económicos e sociais a imagem da distribuição geográfica do gado na província.

O objetivo do estudo das condições climáticas da província é identificar as características e defeitos locais que afectam os animais. O calor é um dos factores mais importantes que afectam as características e os tipos de gado na província.

A governação de Minia está situada entre 27,40 e 28,40 Norte, que se situa na região desértica. Por conseguinte, a região é caracterizada por extremos climáticos[2] . O impacto do clima nos animais é mais complexo do que nas plantas. É difícil chegar a uma regra geral relativa a esta relação[3] .

O clima e o seu impacto na pecuária

O calor é um dos factores climáticos mais importantes que afectam os animais. O calor desempenha um papel importante nas alterações climáticas. A temperatura média anual na província de Minia é de 21,2 °C, com uma temperatura máxima de 36,7 °C em julho. Enquanto que a temperatura mais baixa em janeiro foi de 20,2°C, e a província está sujeita ao frio em quatro meses do ano, começando em dezembro e terminando em março e variando

[1] Jamal al-Din e Wafiq Mohammed. Departamento de Geografia, p. 47.
[2] Dansouri, Jamal al-Din et al. (1957). A Study in Geography of Egypt, Cairo, p. 186.
[3] Bakir, Mohammed al-Fathi. Criação de animais e seus produtos na província do lago, p. 240.

durante este período entre (4,0 m), (1,0 m) como em (dezembro e janeiro)[1] , e isto ajudou a natureza da província da Termodinâmica. Como a extensão do planalto a leste ao longo da província e a cordilheira do deserto ocidental, que ajudou a penetrar o vento, e a região está sob a influência do vento frio do norte, o que contribuiu para a severidade do inverno frio na província.

Este facto constitui um grande problema para a produção quando esta é muito mais elevada do que o habitual. A baixa temperatura não é considerada um obstáculo neste caso, especialmente se os meios de nutrição estiverem disponíveis. Estudos efectuados no Centro de Investigação de Saúde Animal na província de Minia mostraram que a taxa de mortalidade dos ovinos aumentou de 2007 a Devido a temperaturas elevadas inesperadas. Verificou-se também que o rácio de reprodução e a suscetibilidade dos animais aos alimentos são afectados pelas diferenças de temperatura. O efeito da temperatura verifica-se nas seguintes áreas:

a. Que a alta temperatura da medida em que o animal carrega um monte de distúrbios fisiológicos, e o primeiro desses distúrbios que o animal não é normal. A glândula pituitária, que se encontra relacionada com o cérebro, pode ser afetada e controlar o crescimento e a atividade sexual, pelo que o animal não se reproduz normalmente[2] .

B. As temperaturas altas ou baixas afectam a eficiência reprodutiva das caudas. Verificou-se que a exposição a 38 ° C durante várias semanas leva a uma redução da eficiência reprodutiva, e o mesmo acontece se a temperatura cair abaixo de 10 ° C durante um longo período de tempo (3 semanas), aumentando assim a eficiência reprodutiva dos machos durante a primavera e o outono. Enquanto que os menos férteis durante o inverno e o verão.

C. A temperatura afecta a saúde dos animais e a adaptação das raças estrangeiras - que são menos tolerantes a temperaturas elevadas do que as raças locais que são altamente adaptáveis às condições climáticas no verão ou no inverno[3] . Os criadores da área de estudo criam guarda-chuvas de campo para proteger os animais do calor abrasador (placa 9).

O mau tempo não deixa de afetar diretamente os animais[4] , mas destrói as culturas, o que afecta a disponibilidade de alimentos para os animais. Cada planta tem uma temperatura máxima e uma temperatura mínima para o seu crescimento, e temperaturas óptimas para cada cultura. Por exemplo, a alfafa tem uma temperatura óptima

De 1 a 37ʾm[5] . Também durante os meses de inverno, são cultivadas forragens verdes, que são o alimento básico para todos os animais. No entanto, durante os meses de verão e outono, a maioria dos animais depende de ração seca, feno e spray.

[1] Autoridade Meteorológica, dados não publicados, Cairo, 2006.
[2] Badr, Mahmoud Fouad (1969). Feeding Agricultural Animals, Alexandria: Casa das Novas Publicações, p. 12.
[3] Mar'i, Mohamed Ahmed. Production and Dairy Industry in Kafr El-Sheikh, Journal of the Geographical Society, 35/1, Cairo, 2002, p. 202.
[4] Arnold, E., Pattern of development (population and food resources in the developing world), Londres, 1988, p.26.
[5] Abdul Salam, Mohammed Ahmed. Economics of Feed Crops in Egypt, Tese de Mestrado, Departamento de Economia Agrícola, Faculdade de Agricultura, Universidade de Minia, 2006, p. 14.

Raças de animais

A estirpe é um tipo de animal comum numa caraterística biológica e económica de base[1] . Cada estirpe animal evoluiu para se adaptar a determinadas condições naturais. Estas condições não devem ser negligenciadas quando o melhoramento genético é efectuado em animais locais. Na era moderna, com espécies especializadas[2] . O homem conseguiu encontrar novas espécies animais com excelentes características através da seleção e da hibridação. Isto permite-lhes obter a melhor lã, carne, couro e grandes quantidades de leite e outros produtos e animais[3] . Além disso, as raças de animais aumentam a riqueza animal através da sua eficiência reprodutiva e da receita gémea nos pequenos ruminantes, o que acaba por servir para satisfazer as necessidades da população em diversos produtos animais.

Para ilustrar o efeito das raças sobre o efetivo pecuário, serão apresentadas a seguir as raças existentes na província para as espécies animais:

A. Vacas:

As vacas ultrapassaram o búfalo no Egipto em geral e na província de Minia, especialmente no que diz respeito ao número de raças, em que cada estirpe é caracterizada por uma maior produção de carne ou de leite e dessas raças:

1. O gado doméstico (placa 10) é do Alto Egipto e de al-Menoufi, e representa 83,8% do total de cabeças de gado da província. Este facto é indicativo da prevalência do gado municipal devido à sua importância e adequação às condições ambientais (clima - tipo de alimentação) (202 dias)[4] , tendo a estação seca atingido um mínimo de 30 dias. Enquanto que o máximo é de 90 dias, e o gado municipal em Minia tem cerca de 800 kg na estação.

2. O gado bovino representa 15,3% do número total de vacas na província, o que é uma percentagem pequena em comparação com o tipo anterior, apesar da distribuição geográfica em todas as áreas da província - onde existem alguns obstáculos para expandir o processo de melhoramento genético através da mistura entre espécies municipais e estrangeiras, incluindo a chegada da estação leiteira a mais de 222 dias / ano, e a estação produz cerca de 2000 kg de leite.

3. A percentagem de vacas estrangeiras é de 1,2% do número total de vacas na província, nomeadamente a estirpe Frísia, especializada na produção de leite, como se pode ver na Tabela 11, a Holstein Frísia para a produção de leite, a Pardo-Suíça, uma das maiores raças leiteiras, Em algumas aldeias, é mais prevalente do que outras espécies de raças estrangeiras, como a aldeia de Bardanouha, no centro de Matai. É especializada na produção de carne e mais do que na produção de leite, que está espalhada por todas as aldeias do centro de Matai, representando 60,7% do total da estirpe estrangeira na província.

---

[1] Bakir, Mohammed al-Fathi. Animais de criação e seus produtos na província do lago, p. 244.

[2] Morshedi, Najla. Animal Production and Related Industries in Gharbia Governorate, Tese de Mestrado, Departamento de Geografia, Faculdade de Letras Universidade de Tanta, 1994, p. 23.

[3] Aqeel e Al-Saqar Mohammed Fatih e Fuad Mohammed (1977). Geografia dos Recursos e da Produção, Regras Gerais e Produção Agrícola, Alexandria: Knowledge Establishment, p. 118.

[4] Abdel-Alim, Adel Abdel-Wahab. Economic Study of Cows and Buffalo in Minia Governorate, MA, Faculdade de Agricultura, Universidade de Minia, 2008, p. 120.

B. Búfalo:

O búfalo espalhou-se na província de Minia, tipo búfalo Monofy (12), e não entrou em qualidades estrangeiras[1] , a percentagem de produção de leite para búfalos na província de Minia aumentou 85,9% em comparação com as vacas (76,7%)[2] . Além disso, algumas das aldeias do centro de Mallawi, como Mughalqa, Umm Qumas e Qulba, bem como algumas aldeias de Abu Qirqas, como Manhri, Barba, Faqa'i, Koum al-Zuhair e Nazlat Jeris, têm uma percentagem superior a 70% (65.0% das explorações destas raças são propriedade de médicos e engenheiros agrícolas), a fim de os familiarizar com as formas mais importantes de criar condições adequadas para as raças estrangeiras. As vacas estrangeiras produzem cerca de 4000 kg na época de 420 dias ao nível da amostra total[3] . Época de produção de leite. Teve um mínimo de 210 dias e um máximo de 300 dias. A estação seca atingiu um mínimo de 30 dias e um máximo de 150 dias. Portanto, a estação seca atingiu cerca de 60 dias ao nível dos rebanhos de búfalos.

C. Camelos

Existem quatro linhagens de camelos no Egipto: a camponesa, a marroquina, a sudanesa e a nascida (o híbrido da dinastia marroquina e da camponesa), aliás, com o passar dos anos e o intercâmbio comercial de camelos entre as províncias, não é conhecida pelos criadores em geral a classificação das suas dinastias de camelos, sendo sempre designados por camelos sudaneses ou árabes[4] , os camelos multiplicam-se e produzem apenas cerca de cinco vezes durante a sua vida, sendo transportados de dois em dois ou de três em três anos. As fêmeas são vacinadas pela primeira vez aos 48 meses e a idade gestacional entre 12-13 meses. O intervalo entre os dois nascimentos é de 24 meses ,a produção de fiapos é de 1-1,5 kg/ano.

D. Ovinos

As raças de ovinos existentes estão limitadas à conservação das raças do Alto Egipto e das raças camponesas, e cada tipo de ovino na província de Minia difere na produção de lã e de carne da seguinte forma[5] :

1. Ovelha do Alto Egipto: Está espalhada no Alto Egipto, especialmente nas províncias de Minia e Assiut, e a taxa de fertilidade é de 82%[6] , tem vindo a monitorizar a proporção de alguns comerciantes nas aldeias da amostra estimada em 1,5% da amostra total.

2) As ovelhas são uma mistura entre as ovelhas Osemi e outras raças[7] . Este tipo de ovelha encontra-se em todas as províncias da província de Minia[8] . A taxa de fertilidade é de 94% e o

---

[1] Direção de Medicina Veterinária, Centro de Informação e Apoio à Decisão.

[2] Al- Jamsy, Imam Mahmoud Farghaly. Analytical statistical study of the main milestones of estimates of milk production in Egypt, Zagazig Journal of Agricultural Research, 22, 1995, p. 16.

[3] Direção da Agricultura, Centro de Informação.

[4] Entrevista com alguns criadores de camelos e agricultores nas aldeias da amostra na província de Minya, maio de 2007.

[5] Amin[i] , Hani Mohamed (2008). Sheep Production and Care, Administração Central da Extensão Agrícola, Cairo: Centro de Investigação Agrícola, p. 4.

[6] Hassan, Raouf Abdel Molly (2007). Economics of Sheep Breeding, Centro de Investigação em Saúde Animal, Assiut, p. 18.

[7] Hassan, Raouf Abdel Molly. Economics of Sheep Breeding, p. 18.

[8] Direção da Agricultura, Departamento de Extensão Agrícola, Pequenos Ruminantes, dados não publicados, Minia, 2006.

número de nascimentos é elevado. As raças estrangeiras de ovelhas encontram-se apenas numa das aldeias de recuperação e no projeto da Faculdade de Agricultura da Universidade de Minia[1] , bem como numa aldeia no centro de Al-'Odwa (Slakos). [2]

E. Caprinos

As condições de comercialização dos animais na província de Minia e a sua localização geográfica levaram a que não existisse uma estirpe pura de cabras, mas sim uma mistura de raças:

1. A cabra municipal: Esta raça caracteriza-se por uma elevada eficiência reprodutiva, com três ou quatro fêmeas e produção de machos, o que afecta o número de cabeças de gado, e mais de uma vez por ano, e a produção de leite é de 60-120 kg na estação.

2. Cabras do Alto Egipto: distribuídas no Alto Egipto e com um peso médio de cerca de 30 kg, e eficiência reprodutiva, como as cabras municipais e a sua produção de leite de 60-140 kg na estação e suportam as condições climáticas quentes[3] , e não há estirpes estrangeiras de cabras apenas na quinta da Universidade de Minia, Os consumidores são comercializados para carne de cabra na província.

Além disso, a raça trabalha para identificar as características genéticas em que se apoiam os planos de seleção e a orientação de animais específicos para um determinado tipo de produção, a fim de aumentar o rendimento sem aumentar os custos de tratamento e para a mesma quantidade produzida (aumento da eficiência qualitativa)[4] . Na província de Minia, dependendo de vários factores, o mais importante dos quais é o tipo de estirpe[5] , o tipo de animal e o grau de engorda, geralmente 50% dos bovinos são eliminados, e a percentagem de refluxo nos bovinos comuns é de 55% -57%. No caso dos bovinos, a percentagem de refluxo varia entre 62% e 63%, chegando por vezes a 65% e 75%[6] .

Os resultados do estudo de campo mostraram que a percentagem de coloração nos vitelos búfalos durante um ano e no abate aos 12-18-24 meses de idade foi de 50,8%, 55,8% e 53,8%, respetivamente, e o peso dos ossos diminuiu para o peso total da carcaça por idade. Enquanto o peso da gordura aumentou nos animais de grande porte[7] . A percentagem de desparasitação no gado municipal foi de 55,2% e nas vacas frísias de 59,4%. A elevada percentagem de estirpe frísia foi atribuída a factores genéticos, ao tratamento dos animais e ao tipo de alimentação[8] .

As vacas domésticas têm uma eficiência de conversão inferior à das vacas mistas. As vacas

---

[1] Visita de campo à quinta da Faculdade de Agricultura numa das aldeias de recuperação, abril de 2007.

[2] Um dos projectos animais é propriedade de um veterinário, que importa ovelhas francesas porque estão mais adaptadas às condições geográficas da região.

[3] Hussain Abdel Hai Kaoud, Mohammed Anwar Hussein Marzouk, Calves, Sheep, Goats and Camels, Dar Al Ma'arif Cairo, 2003, p. 61.

[4] El-Beltagy, Ahmed Radi (2003). Genetic Resources and Animal Production, Cairo: Instituto de Investigação Animal, p. 18.

[5] A percentagem de carcaças é a percentagem do peso da carcaça após o abate e o abate é atribuído ao peso do animal antes do abate.

[6] Al-Beltagy, Ahmed Radi. Genetics and Animal Production, p. 48.

[7] Afifi, Youssef et al. (1974). Production of buffalo veal in different ages, Journal of Agricultural Research, Ministério da Agricultura, Cairo, pp. 1-21.

[8] Ministério da Agricultura, Centro de Investigação Agrícola, Cairo, 2006, Rede Internacional de Informação.

locais consomem cerca de 2345 kg, e o peso é de 360 kg (164 kg de carne). Enquanto que as vacas consomem cerca de 2345 kg para atingir o peso de 490 kg (240 kg de carne), ou seja, consomem 55 kg de ração e produzem mais de 100 kg de carne, pelo que o rendimento líquido em dinheiro resultante da criação de gado nacional e estrangeiro é superior ao produzido pelas vacas municipais.

Sétimo: Políticas governamentais:

A política governamental visa aumentar a produção pecuária e visa mudanças estruturais na estrutura económica animal. O papel das políticas governamentais é o de:

1. O projeto da vitela.

2. Seguro pecuário.

3. Empréstimos.

1. O projeto nacional da carne de vitela:

O projeto visa atingir alguns objectivos importantes que afectam a distribuição do gado e o seu papel na satisfação das necessidades da população em proteínas animais, cujos objectivos são

1. Aumentar a produção local de carne vermelha para cobrir as necessidades dos cidadãos.

2. Fornecer uma reserva estratégica de carne vermelha.

3. Minimizar a importação de carne congelada.

4. Evitar as doenças que os cidadãos podem sofrer devido ao consumo de carne importada.

5. Funcionamento das fábricas de alimentos para animais e dos meios de transporte.

6. Proporcionar oportunidades de emprego aos cidadãos.

7. Aumentar a quantidade de pele exposta e disponível para as indústrias que dela dependem.

Devido à importância do projeto nacional da vitela, os funcionários do Ministério da Agricultura e da Recuperação de Terras conseguiram obter subsídios externos para financiar o projeto da vitela. Além disso, a liderança política no Egipto atribuiu, em 1996, cerca de 200 milhões de libras para a criação e engorda de vitelos até que o número de vitelos fosse alimentado 300 A cabeça dos vitelos na República[1] , e a parte da província de Minia 4,3% do total de vitelos codificados em 1996.

Estão a ser envidados esforços no sentido de aumentar o financiamento do projeto nacional da carne de vitela em 100 milhões de libras, através do Ministério do Planeamento e da Cooperação Internacional, e em mais 100 milhões do Fundo Social, nos mesmos termos e condições que o projeto de subvenção americano (empréstimo renovável de 6,5% mês). A província de Minia está envolvida neste projeto desde o seu início.

---

[1] Barbari, Adel (2004). Camel Animal Food Security, Alexandria: Knowledge Facility, pp. 348-349.

A estratégia visa expandir e desenvolver o projeto da vitela e aumentar a sua capacidade de produção para 500 mil cabeças por ano, que serão 450 kg, em duas fases. O financiamento necessário, estimado em 450 milhões de libras em vez de 350 milhões de libras, será fornecido através do benefício do programa de desenvolvimento do sector agrícola, e o Ministério da Agricultura aumentará o volume de empréstimos para o projeto da vitela para 1000 libras por cabeça de 80 kg para 200 kg na primeira fase, para ajudar os pequenos agricultores a fazer face aos custos de produção, especialmente dos alimentos para animais, e aumentará o volume de empréstimos na segunda fase para 1500 libras por cabeça de 200 kg para 450 kg e o empréstimo por um ano com juros de 6,5% e o desenvolvimento do processo de concessão de empréstimos aos educadores.

(Quadro 8) mostra:

1. A primeira fase do projeto representa 96,1% do total de cabeças de vitela nas duas fases. As cabeças são distribuídas na primeira fase do projeto em todos os centros da província de Minia, embora principalmente nos centros de Abu Qurqas e Mallawi, com 46,4% da carne de vitela na primeira fase.

2. A segunda fase representa 3,9% das duas fases. Apenas quatro centros são Abu Qurqas (51%), Samalout (30,2%), Malawi (16,6%) e Al-'Odwa (2,2%).

Para além de todos os esforços anteriores para desenvolver o projeto, estes esforços não dão frutos no mercado da carne vermelha, e não conduzem a uma descida dos preços sentida pelo consumidor, porque os educadores não são obrigados a entregar estas cabeças às estações de ensino das agências governamentais, como é habitual, e completam o percurso na criação e colocação nos mercados e complexos governamentais, devido ao encerramento das fábricas do governo após a propagação da corrupção e dos elevados preços dos alimentos para animais, e ao colapso do sistema governamental que satisfaz as necessidades dos consumidores de proteína animal - bem como das entidades privadas onde o projeto da Vitela, no início do seu mandato, estabilizou a vergonha da carne vermelha durante vários anos.

Além disso, as autoridades responsáveis pelo projeto agora, o Ministério da Agricultura, em cooperação com o Fundo Social para financiar o projeto para pagar os educadores, e não há desembolsos de alimentação subsidiada para os criadores, tornando vitelos um projeto dispendioso, e, assim, levar os mutuários a reembolsar esses empréstimos, deste projeto com as suas duas primeiras fases de agricultores e jovens licenciados 65% e 35%, respetivamente[1]
.

- O agricultor depende da sua experiência agrícola na criação de animais e do seu potencial no tratamento da primeira fase da sua vida, e a maioria dos jovens licenciados são inexperientes, o que expõe o projeto ao fracasso. Deveriam ser apoiados por consultores agrícolas, o que levou a uma diminuição do número de beneficiários na segunda fase do projeto.

2. Seguro dos efectivos

O sistema de seguros para o gado foi introduzido em 1959, tendo sido concebido para ser a melhor garantia para o gado, o que, no início, assegurava a disponibilidade de alimentos para

---

[1] Direção da Agricultura, Centro de Informação e Apoio à Decisão.

o gado, bem como cuidados médicos e a indemnização dos criadores em caso de morte do gado. O fundo de seguro de gado contribuiu para muitos dos projectos da Comissão para o cuidado e a proteção dos animais. Existe um outro tipo de seguro, diferente do seguro dos animais vivos ou dos empréstimos. É o seguro dos matadouros nos massacres que são executados por doenças que os tornam impróprios para consumo humano. Isto protege o criador e o consumidor para que o criador não recorra ao abate fora do matadouro.

Taxas de seguro:

As taxas de seguro para os animais são determinadas por espécies e grupos etários de animais na província de Minia da seguinte forma:

1 - As taxas são de 2% do preço do animal por um ano de seguro para búfalos e bovinos com idade entre 3 meses e menos de 6 meses.

2 - Enquanto as taxas 1,5% do preço do animal no momento do seguro durante um ano para:

A - Bovinos domésticos e búfalos com idade igual ou superior a 6 meses.

B - Ovinos e caprinos com idade igual ou superior a 6 meses.

C- Transporte local após a substituição dos dentes de leite.

D - Fertilização local de 1 a 5 anos.

Para além do acima referido, quando se trata de seguro de vitelos e vitelas de um mês a menos de 3 meses, as taxas de seguro são pagas a 4% durante 6 meses - e as taxas para animais importados são duplicadas.

Distribuição geográfica dos animais seguros[1]

O número total de animais segurados na província de Minia atingiu 15736 em 2006, representando 0,8% do efetivo total da província e 2,6% do número total de animais segurados na República em 2006. Há muitas observações que podem ser inferidas do (Quadro 9):

1 - Os animais de engorda, leiteiros e ovinos constituem a maior parte dos animais de seguros (99,1%), devido a:

A. O gado leiteiro é uma fonte diária de subsistência e os criadores procuram proteger o seu investimento.

B - Os períodos de engorda dos animais variam e necessitam de ajuda para aumentar a quantidade de alimentos suportados e protegidos de doenças e epidemias.

C - Engorda por um curto período de tempo em preparação para feriados e eventos, e não acredita em cabras porque elas são de rápido comércio entre o criador e o mercado.

---

[1] Abdel Qadir. Huda Abdel Rahim. Geographical Factors Affecting the Distribution of Livestock, Minia Governorate - Egypt as an Example, International Journal of Cultural Inheritance & Social Sciences (IJCISS), Vol. 1 Issue 2, September 2019, pp. 293-418.

2- O seguro da carne de vitela (0,7%) está incluído no número total de animais segurados na província de Minia. O seguro da carne de vitela está limitado ao Centro Abu Qurqas, que é um projeto de empréstimo que é segurado no processo de empréstimo. Especialmente no início do projeto.

3 - A percentagem de alunos (0,01) diminui na crença dos professores na segurança dos alunos e depois das doenças e do medo da morte e aumenta a percentagem de propinas em função do preço elevado.

4 - Quanto à distribuição do número de efectivos segurados nos centros da governação. O centro de Matai está em primeiro lugar (28,2%), devido à difusão de projectos de engorda baseados em empréstimos a curto prazo, seguros para evitar as causas de colapsos de pequenos investimentos

5- A percentagem mais baixa de animais seguros encontra-se no Centro Deir Mawas (0,8). Para a venda e compra de animais, os comerciantes e criadores não permanecem por longos períodos de tempo e atingem o período mínimo de seguro, e os animais podem mudar duas ou três vezes por semana.

Além disso, o seguro pecuário aumentou em novembro e dezembro (26,3% do seguro total em 2006)[1] . Este facto deve-se ao nascimento de animais no início do inverno. As condições financeiras dos criadores estão em vias de aumentar o número de nascimentos para venda, no sul e no sul da província, de acordo com a prevalência de gado leiteiro, e a percentagem de crentes em animais da amostra do estudo de campo 0,5%, porque os criadores precisam de mais quantidades de rações subsidiadas, para além das baixas taxas de seguro ou do montante parcelado ao longo do período de seguro.

3. Empréstimos:

Os resultados da análise do questionário revelam que 18,5% da amostra do estudo provém do Banco de Desenvolvimento e do Banco de Crédito Agrícola e do Banco Social Nasser. O apoio à agricultura é um dos instrumentos que contribuem para atingir os objectivos dos planos de produção, bem como para subsidiar o rendimento dos agricultores, o que os incentiva a permanecerem nas suas profissões e aldeias, e as áreas mais importantes de apoio e dimensão fornecidas pelo Ministério da Agricultura na província de Minia são as seguintes

1. O Comprehensive Agricultural Development Project[2] : (CGIAR) é uma cooperação entre a Direção da Agricultura de Minia, o Fundo Social e o Banco de Desenvolvimento e o valor do empréstimo é de 5 milhões de LE. O seu objetivo é fornecer gratuitamente capital, equipamento, investimentos técnicos e acompanhamento no terreno aos interessados na produção animal.

- Empréstimos de 50 mil libras a uma taxa de 9%.

- Empréstimos até 100 mil libras com uma taxa de juro de 11%.

E reembolsável durante 3 anos e o primeiro ano de carência durante o qual os juros são pagos

---

[1] Direção da Agricultura, Centro de Informação e Apoio à Decisão.
[2] Direção da Agricultura, Departamento de Produção Animal.

apenas e depois os juros são pagos de 3 em 3 meses ou de 6 em 6 meses ou de ano em ano, consoante o tipo de projeto (animal - aves - peixe) e a vontade do cliente.

1. O projeto de engorda de fêmeas (gado bovino): financiado pelo Fundo Social e estimado em 5 milhões de libras, com um montante de 5000 por cabeça e uma duração do empréstimo de 5 anos a uma taxa de juro de 8%.

2. O projeto de criação de bovinos machos e o valor do projeto é de 3750000 libras, a categoria de drenagem é de 6250 libras para a cabeça e o mínimo de 4 cabeças, o máximo de 6 cabeças a 37500 libras.

Conclusão

- A província de Minia é uma das províncias centrais do Egipto, que se caracteriza por um clima especial. O clima mais importante é o que distingue o extremismo das temperaturas, quer para diminuir quer para aumentar, o que faz com que a província pertença ao clima desértico, embora seja o fim de um clima semi-desértico do sul.

- Esta condição climática o público a manter - sem dúvida - sem efeito varia em sua intensidade e seus efeitos sobre as culturas agrícolas em geral e sobre os verdes em particular, onde os vegetais têm muitos tipos, o que dá uma grande oportunidade para estudar o barco ambiental pelo impacto, como refletido onde - depois de citros - levantou a mudança climática, em detrimento da produção, por isso afeta a produção de uma temporada completa.

- Produção hortícola A província de Minia está exposta a vagas de geada no inverno, assim como a vagas de calor intenso no verão, para além das vagas de siroco que não prejudicam a produção agrícola e hortícola, mas também são prejudiciais para a saúde humana, pois duram longos períodos durante a primavera, e cada vaga dura dois ou três dias.

- O impacto das condições climáticas não se limita à ocorrência de danos nas culturas nos campos e à incidência de doenças graves das plantas, mas caracteriza este efeito no processo de recolha da colheita e nas formas de a salvar, tem de haver a disponibilidade de condições climáticas especiais, de modo a não prejudicar os danos da colheita e prejudicar a situação económica geral.

- O impacto das condições climáticas não se limita à ocorrência de danos nas culturas nos campos e à incidência de doenças graves das plantas, mas caracteriza este efeito no processo de recolha da colheita e nas formas de a salvar, tem de haver a disponibilidade de condições climáticas especiais, de modo a não prejudicar os danos da colheita e prejudicar a situação económica geral.

- Foram desenvolvidas muitas soluções para tentar ultrapassar as condições climáticas que rodeiam a produção de verduras, métodos regulamentares e agrícolas, biológicos e químicos, e desvantagens de cada método e desvantagens próprias.

- Foram feitas algumas tentativas para ultrapassar as anomalias climáticas que afectam as estufas, o que levou a que a criação de estufas no Alto Egipto, em geral, e em Minia, em particular, se deparasse com muitos problemas, devido a uma temperatura diária mais elevada, o que se reflectiu nas estufas construídas, cujo número diminuiu em grande medida na maioria das províncias do Alto Egipto.

- O calor intenso que se faz sentir no verão, com elevados custos de ventilação, arrefecimento e energia, pode levar a limitar a utilização das estufas na agricultura nos meses de inverno. Os diferentes materiais de que são feitas as estufas, como deve ser o material da estufa, podem permitir que a humidade varie entre (5085%) para se conseguir uma maior produtividade.

- Sem uma comercialização bem sucedida, não é possível alcançar os resultados desejados neste tipo de agricultura, os conhecimentos de comercialização da maioria dos agricultores são limitados, especialmente no comércio de produtos hortícolas, que é prejudicado, e a pobreza nas fases de produção, colheita, transporte e comercialização.

- O cultivo de estufas em Minia ainda se limita a algumas áreas, de pequenas dimensões, e confinado a um número limitado de tipos, nomeadamente tomate, pimento, pepino e malva, e apesar de estas culturas gerarem um retorno no montante da produção para as culturas expostas, sobretudo hortícolas, no entanto, o custo elevado faz com que se recorra a elas sob a forma de poucas tentativas, tanto na produção hortícola como na de flores e plantas ornamentais.

- Os factores que influenciam a distribuição do gado revelaram uma série de factores que constituem a imagem dos animais actuais.

- O zimbro agrícola, que representa 434957 feddans distribuídos por nove centros administrativos, e a correlação entre ele e a distribuição das unidades animais é de 0,8, o que é uma forte ligação correlativa, semelhante à associação entre a distribuição do zimbro agrícola e as espécies animais. A correlação foi forte com todos os animais exceto camelos e mulas, que é uma correlação linear média, em que estas espécies tendem a alimentar-se mais de rações concentradas do que de forragens verdes, e acrescem a esta área 45351 hectares, que representa as terras recuperadas, e a hierarquia agrícola está a diminuir de dia para dia devido à urbanização resultante da elevada população, Aumentar a área agrícola para satisfazer as necessidades da população e dos animais de alimentação por isso gosta de dirigir esforços para novos territórios.

- Composição da cultura: varia entre o milho, o trigo, o trevo e outras culturas de que os animais beneficiam direta ou indiretamente. A área de cultivo na província de Minia é de 815.917 feddans. A correlação geográfica entre a superfície da cultura e as unidades animais é de 0,8, sendo o milho, o trigo e a luzerna (0,8 cada). A correlação geográfica média entre as unidades animais, os legumes e as frutas (0,6) e o algodão (0,5). A correlação entre as unidades animais e a cana foi fraca (0,4).

- A variação do padrão de posse das terras agrícolas na província de Minia, caracterizada por pequenas explorações, é a seguinte: 65% das explorações têm menos de 1 acre e 25% são explorações com menos de 3 feddans, 5,7% são explorações de 3 a menos de 5 acres, Dos 5 acres são 95,7%. Há cerca de 3% de explorações de 5 hectares a menos de 10 hectares, 1,3% de explorações de 10 hectares e mais. A aquisição foi efectuada sob três formas: a posse do rei, que representa 98,8% do total das explorações. Enquanto o arrendamento representava 1,0% e o usufruto 0,2%. Com cada categoria de posse anterior, o gado era distribuído entre os detentores. Quanto mais posse, mais aumentava a posse de animais, tanto mais que estes necessitavam de grandes superfícies de forragens verdes.

- O emprego agrícola representava o lado humano no tratamento dos animais. Em 2006, o número de trabalhadores agrícolas na província de Minia atingiu 572194 trabalhadores. A correlação geográfica entre a mão de obra agrícola e as unidades animais atingiu 0,8, o que constitui uma forte correlação entre os dois países. As suas principais funções incluem o cultivo de culturas forrageiras, bem como a criação e o tratamento de animais.

- A aplicação da mecanização agríccla para a libertação do animal do trabalho agrícola, e a utilização de produtos de origem animal, e a aplicação da mecanização agrícola abrange todas as partes da província, embora a maquinaria agrícola ainda esteja acima da capacidade de muitos agricultores recorreram ao aluguer, quer por área de terra ou por hora por acre, (9,5%) de máquinas, irrigação (71,7%), estudo (6,1%) e outras máquinas (12,7%).

- Os animais e os seus produtos são afectados pelo clima, onde a temperatura é a que mais influencia os animais em termos de cultivo de forragens entre o inverno e o verão, o grau de fertilidade e o apetite dos animais por alimentos, e o calor afecta a adaptação das raças estrangeiras, onde são menos tolerantes a altas temperaturas. Entre os estrangeiros, que representam 1,2% do total de bovinos na província, 83,8% no município e 15% na província, enquanto o búfalo tem apenas o tipo municipal, assim como os outros animais, com exceção dos poucos casos de ovinos e caprinos (Fazenda da Universidade de Minia e alguns criadores em Al-'Odwa) , E variam Para raças de animais em termos de taxa de crescimento animal, taxa de filtração e eficiência de conversão alimentar. A falta de aquisição de espécies estrangeiras é uma das razões para a escassez de carne.

- As políticas governamentais visam aumentar a produção pecuária, alcançando o mais alto nível de eficiência económica através dos recursos pecuários disponíveis, e efetuar mudanças estruturais na estrutura económica animal. O papel das políticas governamentais é: O Projeto Vitela - Pecuária e Seguro de Crédito, O projeto Vitela visa alcançar alguns objectivos importantes que afectam a pecuária e a sua eficiência económica, e o seu papel no preenchimento das necessidades de proteínas animais da população. O projeto Vitela foi realizado em duas fases, que incluíam 11597 cabeças em 2006, 96,1% E aumentou Em 2008 os empréstimos para a primeira fase para 1000 libras para a cabeça do peso de 80: 200 kg, e a segunda fase ascendeu a 1500 libras para a cabeça de 200 a 450 kg, e a segunda fase em 2012 para 3000 libras para a cabeça, e o número de cabeças da Vitela com as fases de 9200 cabeças, Após a fertilização para o sector governamental, mas é vendido para o sector privado, o que não leva a preços mais baixos da carne e fornecimento

- A política do governo em matéria de seguros de animais está em vigor desde 1959 e orientou este sistema para ser a melhor garantia para o gado. O Fundo contribuiu para o seguro do gado em muitos projectos da Comissão para o cuidado e proteção dos animais - além de outro tipo de seguro é o abatido nos massacres que E uma série de empréstimos foram apresentados através de mais de uma saída do governo para financiar projetos de pequenos animais para executar jovens graduados e aumentar os animais criados para engorda para contribuir para resolver o problema da deficiência de proteína animal na governadoria de Minia. Ha Aam2012-19214 cabeça, os rácios foram semelhantes aos de 2012 com os rácios de distribuição geográfica do seguro Geoanat em 2006, o que significa a estabilidade de alguns factores, incluindo os criadores interessados no seguro, especialmente com a propagação de doenças.

Referências

Abdel-'Aal, Zidane Al-sayed (1977). *Verdes (produção)*, 2, Alexandria.

Abdel-Alim, Adel Abdel-Wahab (2008). Economic Study of Cows and Buffalo in Minia Governorate, MA, Faculdade de Agricultura, Universidade de Minia.

Abdel Qadir. Huda Abdel Rahim. O impacto dos factores ambientais no cultivo de vegetais em Minia Governorate, Egipto, International Journal of Research in Social Sciences (IJRSS), ISSN: 2249-2496, Publisher: Revistas Internacionais da Academia de Pesquisa Multidisciplinar (IJMRA), Volume 6, Edição 12, dezembro de 2016.

Abdel Qadir. Huda Abdel Rahim. Geographical Factors Affecting the Distribution of Livestock, Minia Governorate - Egypt as an Example, International Journal of Cultural Inheritance & Social Sciences (IJCISS), Vol. 1 Issue 2, setembro de 2019.

Abdul Salam, Mohammed Ahmed (2006). Economics of Feed Crops in Egypt, Tese de Mestrado, Departamento de Economia Agrícola, Faculdade de Agricultura, Universidade de Minia.

Abu-el-A'ynain, Hassan. *Planta geográfica e climática*, Alexandria.

Adult Education Authority, Illiteracy Program in Minya Governorate, dados não publicados, Minia, 2006.

Afifi, Youssef et al. (1974). Production of buffalo veal in different ages, Journal of Agricultural Research, Ministério da Agricultura, Cairo.

Al-Banna, Ali Ali (1967). Recursos Económicos, Beirute.

Al-Beltagy, Ahmed Radi. Genética e produção animal.

Al-Deeb, Mohamed Mahmoud (1978). Geografia da Agricultura, Cairo: Biblioteca Anglo-Egípcia.

Al-Deeb, Mohamed Mahmoud Ibrahim (1982). *Agricultural geography*, Cairo.

Al-habasha, Kamal Muhammad (1992). *Basics greens*, Cairo.

Al-Jamsy, Imam Mahmoud Farghaly (1995). Estudo estatístico analítico dos principais marcos das estimativas da produção de leite no Egipto, Zagazig Journal of Agricultural Research, 22.

Al-Sharkawy, Taha Ahmed (1985). Plant *diseases*, Cairo .

Al-Zouka e Hamed, Mohamed Khamis e Nawal Fouad (1991). Geography of the countryside, Alexandria: Universidade Dar Al Maarifa.

Al-Zouka, Mohammad Khamis (1999). *Geografia agrícola*, Alexandria.

Amin, Hani Mohamed (2008). Sheep Production and Care, Administração Central da Extensão Agrícola, Cairo: Centro de Investigação Agrícola.

Aqeel e Al-Saqar Mohammed Fatih e Fuad Mohammed (1977). Geografia dos Recursos e da Produção, Regras Gerais e Produção Agrícola, Alexandria: Knowledge Establishment.

Arnold, E. (1988). Pattern of development (population and food resources in the developing world), Londres.

Badawi, Muhammad Abdul Majeed (1998). Vegetables, Cairo.

Badr, Mahmoud Fouad (1969). Feeding Agricultural Animals, Alexandria: Casa das Novas Publicações.

Bakir, Mohammed al-Fathi. Breeding animals and their products in the province of the lake, tese de doutoramento não publicada, Departamento de Geografia, Faculdade de Letras, Universidade de Alexandria, 1984.

Barbari, Adel (2004). Camel Animal Food Security, Alexandria: Knowledge Facility.

Dansouri, Jamal al-Din et al. (1957). A Study in Geography of Egypt, Cairo.

Diab, Abdelkader Mohamed (1982) Egyptian Agriculture and Agricultural Development Plan in the Next Phase, Instituto Nacional de Planeamento do Cairo.

Direção da Agricultura em Minia, Departamento de Produção Animal e Departamento de Estatística.

Direção da Agricultura, Departamento de Extensão Agrícola, Pequenos Ruminantes, dados não publicados, Minia, 2006.

Direção da Agricultura, Centro de Informação e Apoio à Decisão, dados não publicados, Minia, 2006.

Direção de Medicina Veterinária, Departamento de Seguros, Minia, dados não publicados, 2006.

Direção de Medicina Veterinária, Centro de Informação e Apoio à Decisão.

El-Beltagy, Ahmed Radi (2003). Genetic Resources and Animal Production, Cairo: Instituto de Investigação Animal.

Visita de campo à quinta da Faculdade de Agricultura numa das aldeias de recuperação, abril de 2007.

Ghoneim, Joseph (1981). Economics of Agricultural Mechanization, Cairo.

Gilpin, A. *Dictionary of Environment and Sustainable Development*, John Wiley and Sons, 1996.

Grigg, D. B., Population growth and agrarians change and historical perspective, Londres, 1980.

Hamdan, Jamal (1970). The Personality of Egypt, A Study in the Genius of the Place, 3, Cairo: Biblioteca Mundial do Livro.

Hamed, Nawal. Urban Transformation of the Egyptian Village, Geographical Research Bulletin, Department of Geography, Girls' College, Ain Shams University, n.º 22, abril de 1991.

Hanna, George Basile. The effect of the freeing of livestock from work on the provision of forragem, simpósio científico sobre o papel da investigação científica no fornecimento de forragem, Academia de Investigação Científica, Cairo, 1977.

Hassan, Ahmed Abdel Mon'eim (1998). Integrated farming methods to combat diseases and pests of vegetables, Cairo.

Hassan, Ahmed Abdel Mon'eim (1994). Tomatoes, Arab House for Publishing and Distribution, Cairo.

Hassan, Raouf Abdel Molly (2007). Economics of Sheep Breeding, Centro de Investigação em Saúde Animal, Assiut.

Helman, Hull (1974). The problem of population inflation, traduzido por Mohammed Badr al-Din Khalil, Cairo: Dar Maarif.

Hussain Abdel Hai Kaoud, Mohammed Anwar Hussein Marzouk, Calves, Sheep, Goats and Camels, Dar Al Ma'arif Cairo, 2003.

Ilhami e Saleh, Muhammad e Hadi Mohammed (1983). An Economic Study on Milk and its Produce in Egypt, External Note, Cairo: Institute of Regional Planning.

Jamal al-Din e Wafiq Mohammed. Agricultural Geography of Qalyoubia Governorate, Tese de Mestrado, Departamento de Geografia, Faculdade de Letras, Universidade de Minia, 1993.

Jamal al-Din e Wafiq Mohammed. Livestock in Menoufia Governorate, Tese de Doutoramento, Departamento de Geografia, Faculdade de Letras, Banha, Universidade do Cairo, 1999.

Jamal al-Din, Mohamed Wafik. Features of the Geography of Animal Production in the Sultanate of Oman, Journal of the Geographical Society, n.º 38, 2, Cairo, 2005.

Jouda Hassanein, *Natural geography of Egypt,* Alexandria, 1998.

Mar'i, Mohamed Ahmed. Production and Dairy Industry in Kafr El-Sheikh, Journal of the Geographical Society, 35/1, Cairo, 2002.

Mayro, Robert (1976). Tradução de Cruz de Pedro, a economia egípcia (1952-1972), Cairo.

Autoridade Meteorológica - departamento de normais climatológicas - dados não publicados.

Autoridade Meteorológica, dados não publicados, Cairo, 2006.

Middleton, W. E. K. *A History of the Thermometer and its Use in Metrology*, Johns Hopkins Press, Baltimore MD, 1966.

Governação de Minia, Centro de Informação e Apoio à Decisão, Anuário Estatístico da Governação de Minia, 2006.

Ministério da Agricultura, Centro de Investigação Agrícola, Cairo, 2006, Rede Internacional de Informação.

Mohammad, Reza Sidqi (1998). *Plant Diseases and Control*, Cairo,

Mohammed, Mohammed al-Husseini. A Ketofarian study of the variables related to the meat problem in Egypt, tese de doutoramento, Departamento de Economia Agrícola, Faculdade de Agricultura, Kafr El-Sheikh, Universidade de Tanta, 1985.

Morshedi, Najla. Animal Production and Related Industries in Gharbia Governorate, Tese de Mestrado, Departamento de Geografia, Faculdade de Letras, Universidade de Tanta, 1994.

Mousa Ali. (1981). *Resumo da Climatologia Aplicada*, Damasco,

Mustafa, Ahmed Mahmoud. *Chemicals and plant diseases*, Centro de Investigação e Estudos Agrícolas, Faculdade de Agricultura, Universidade de Minia, 1994.

Instituto Nacional de Planeamento, Desenvolvimento Agrícola no Egipto, Primeira Parte, Questões de Planeamento e Desenvolvimento no Egipto. No. 21, Cairo, fevereiro de 1990.

Newbury, A.R. (1984). Geography of agriculture, Londres,

Nicholas, S. (1988). Agrarian transformation in Egypt, Cairo, Egipto.

Oliver, J. E., *Encyclopedia of World Climatology*, Springer Science & Business Media.

Pearce, R. P. (2002). *Meteorology at the Millennium*. Imprensa Académica.

Planton, Serge (França; editor). *"Anexo III. Glossário: IPCC - Painel Intergovernamental sobre as Alterações Climáticas"*, *Quinto Relatório de Avaliação do IPCC*, 2013.

Qayed, Osama Mohammed. *Agricultural geography in Minia governorate*, tese de doutoramento, Faculdade de Letras - Universidade de Minia, 1995 .

Quinn, T. J. (1983). *Temperature*, Academic Press, Londres.

Richard, A.P. (1983). Migration mechanization and agricultural markets in Egypt, U.S.A.

Robinson, H. (1969). Human geography, Londres.

Saif, Mahmoud Mohamed (1985). Industrial Sites, Cairo: Biblioteca Nahdet Al-Sharq.

Saif, Mahmoud Mohammed. *Agricultural development problems, a field studies on the status of Minia,* Journal of Geography Studies, Departamento de Geografia - Faculdade de Letras - Universidade de Minia, 1987.

Siddle, D., & Swindel, K. (1990). Rural change in tropical Africa, U.S.A.

Thirlwall, A. P. (1983). Growth and development with special reference to developing economices, Hong Kong.

Truesdell, C.A. (1980). *The Tragi comical History of Thermodynamics, 1822-1854*, Springer, Nova Iorque, 1980, Secções 11 B, 11 H.

Zekri, Abd al-Khaliq et al. (1967). The development of the labor force in Egypt is mainly for the rural labor force, Institute National Planning, Cairo.

Quadros e figuras

Temperatura média	janeiro	fevereiro	março	abril	maio	junho	julho	agosto	setembro	outubro	novembro	dezembro	Média anual
Fim da superpotência	20.2	22.5	25.8	30.8	34.8	36.5	36.7	36.3	33.6	42.4	26.5	21.8	29.7
Extremidade júnior	3.9	5.3	8.0	12.1	16.4	19.0	20.2	20.4	18.5	15.5	11.5	6.6	13.1
Grau máximo	31.7	35.4	40.9	44.3	48.0	47.5	45.5	44.6	41.7	41.5	39.3	23.2	
Pontuação mais baixa	- 4	- 4	- 1	3	8.5	13	16	16	12.6	9.2	2.9	-8	

Tabela 1. Taxas mensais de calor e graus anómalos na província de Minia (2015)[1]

janeiro	fevereiro	março	abril	maio	junho	julho	agosto	setembro	outubro	novembro	dezembro
82 %	%84	%80	%80	%83	%90	%92	%92	%88	%90	%85	%85

Tabela 2. A percentagem do número de horas de sol, de acordo com a média mensal na província de Minia (2015)[2]

janeiro	fevereiro	março	abril	maio	junho	julho	agosto	setembro	outubro	novembro	dezembro
1018.6	1017.5	1015.3	1012.7	1011.0	1009.6	1007.1	1007.1	1011.0	1014.0	1016.7	1018.5

Tabela 3. Pressão atmosférica média na província de Minia (2015)

janeiro	fevereiro	março	abril	maio	junho	julho	agosto	setembro	outubro	novembro	dezembro
5,0	5,9	7,9	8,0	8,7	9,2	7,8	6,6	7,4	6,1	6,0	4,9

Quadro 4. Velocidade média mensal do vento na província de Minia (2015)

---

[1] Autoridade Meteorológica - departamento de normais climatológicas - dados não publicados.
[2] Autoridade Meteorológica - departamento de normais climatológicas - dados não publicados.

janeiro	fevereiro	março	abril	maio	junho	julho	agosto	setembro	outubro	novembro	dezembro
58 %	%53	%48	%40	%35	%39	%45	%51	%54	%54	%60	%62

Tabela 5. A humidade relativa na província de Minia

janeiro	fevereiro	março	abril	maio	junho	julho	agosto	setembro	outubro	novembro	dezembro
4.6	5.9	8.0	10.8	14.6	15.9	14.0	11.9	10.0	8.7	601	4.6

Tabela 6. Média mensal da evaporação na província de Minia

janeiro	fevereiro	março	abril	maio	junho	julho	agosto	setembro	outubro	novembro	dezembro
5.0	1.5	3.0	3.0	4.0	Efeito	0	Efeito	Efeito	4.0	1.0	5.0

Tabela 7. Média mensal de precipitação na província de Minia

Cultura	Espinafres	alho	couve	feijões	tomates	quiabo	pepino
Temperatura mínima para o crescimento	4 ° C	7-8 ° C	4-6 ° C	10 ° C	14-16 ° C	18 ° C	15-16 ° C

Quadro 8. Temperatura mínima necessária para o crescimento de alguns tipos de produtos hortícolas[1]

Mês	janeiro	fevereiro	março	abril	maio	junho	julho	agosto	setembro	outubro	novembro	dezembro
Temperatura mínima	3.6	5.3	8.0	12.1	16.4	19.0	20.2	20.4	18.5	15.5	11.5	6.6

Tabela 9. Acabamento médio do micro-calor na província de Minia[2]

---

[1] Mousa Ali. Resumo da Climatologia Aplicada, pp. 110-138.
[2] Mousa Ali. Resumo da Climatologia Aplicada, pp. 138-142.

Cultura	Couve	espinafres	Alho	Quiabo	Pepino	feijão	Tomates
Temperaturas elevadas	24	24	30	35	32	26	26

Tabela 10. Temperaturas para algumas culturas,[1]

Mês	janeiro	fevereiro	março	abril	maio	junho	julho	agosto	setembro	outubro	novembro	dezembro
temperatura mínima média	20.2	22.5	25.8	20.8	34.8	36.5	36.7	36.3	33.6	41.4	26.5	21.8

Tabela 11. Temperaturas máximas médias na província de Minia[2]

Cultura	Couve	espinafres	Alho	Quiabo	Pepino	feijão	Tomates
Temperaturas elevadas	18	28	24	30	24	21	12.1-24

Tabela 12. Temperaturas ideais para algumas culturas[3]

janeiro	fevereiro	março	abril	maio	junho	julho	agosto	setembro	outubro	novembro	dezembro
- 4	- 4	- 0.7	3	8.5	13	16	16	12.6	9.2	2.9	- 0.8

Quadro 13. O extremo inferior da temperatura na província de Minia[4]

Rendimento	crescimento zero (° C)	calor acumulado (° C)
Opção	13	1400 - 1800
Batata	14	1505- 1800

Tabela 14. Temperaturas totais necessárias para colher o calor acumulado[5]

---

[1] Autoridade Meteorológica - departamento de normais climatológicas - dados não publicados.
[2] Autoridade Meteorológica - departamento de normais climatológicas - dados não publicados.
[3] Badawi, Muhammad Abdul Majeed. Vegetables, Cairo, 1998, pp. 111-116.
[4] Autoridade Meteorológica - departamento de normais climatológicas - dados não publicados.
[5] Mousa Ali. Resumo da Climatologia Aplicada, p. 146.

Cultura	Batatas	cebola	espinafres	batata
Número de horas de luz diárias	10-12	12-14	12-16	12-18

Quadro 15. Período fotovoltaico necessário para cada dia de cultura[1]

centros administrativos	Pepinos em pelotão	Tomates	Batatas	Malva	Cenouras	couve	Outros
Al-E'dwa	19	14	2. 3	-	-	-	6.7
Maghagha	2.5	9.4	-	-	-	-	12.9
Beni Mazar	29.9	16	8.5	-	1.1	45.6	5.6
Matai	3	11	31.6	-	-	4	8
Samalout	10.1	12.6	38.4	-	1.3	2.7	4.9
Minia	7.2	13.1	12	21.7	82.4	1.8	18.4
Abu-Qarqas	8	4	7.2	-	11.2	12.2	21.6
Mallawi	9.7	11.3	-	78.3	31.7	4	17.3
Deir Mowas	1.6	8.6	-	-	-	2	4.6
Comércio grossista	39785	25000	14250	1465	412	540	873

Quadro 16. Distribuição relativa da superfície de produtos hortícolas na província de Minia (por acre)[2]

Centro	A zebra é Plantadas em feddans	%	espécies animais								Total de unidades	
			Vacas	Búfalo	Ovinos	cabra	Camelo	Burros	Mulas	Cavalos	Número	% do Gove.
Al-'Odwa	27737	6.4	8.3	4.2	10,9	16,4	11,0	4.6	2.2	8.7	64100	7.7
Magagha	44599	10.3	6,9	7.0	8.3	6.8	4.1	5.1	34,8	16,5	57274	6,9
Bani Mazar	52870	12.2	5.2	5.1	6.3	4.4	4.9	5.7	0.7	6.1	43672	5.3
Mattay	32376	7.5	12,3	8.5	13,2	10,9	6.2	10,6	3.0	4.7	89344	10,8
Samalut	63424	14.7	16,8	6.5	13,9	10,3	4.8	18,6	4.4	9.3	105036	12,6
Minia	59610	13.8	12,3	21,6	13,8	9.6	5.8	12,1	22,7	7.3	125005	15,1
Abu Qurqas	53565	12.4	13,3	13,6	12,3	8.3	5.5	11,9	9.4	10,7	104089	12,5

[1] Badawi, Muhammad Abdul Majeed. Vegetables, Cairo, 1998, pp. 111-116.
[2] Autoridade Meteorológica - departamento de normais climatológicas - dados não publicados.

Mallawi	62433	14.4	19,1	24,2	17,2	26,8	48,7	20,4	16,8	29,6	180215	21,7
Caro mouas	35926	8.3	5.8	9.3	4.1	6.5	9.0	11,0	6.0	7.1	61673	7.4
Comércio grossista	432540	100	28579	261983	88643	86683	6586	97524	1305	1892	830408	100
%Gov.	-	-	0.8	0.8	0.8	0.7	0.6	0.8	0.6	0.7	0.8	

Tabela 17. Distribuição percentual de culturas cultivadas e unidades animais na província de Minia 2006[1]

Centro	Propriedade		aluguer		usufruto		Venda por grosso
	Gov. %	%Centro	Gov. %	%Centro	Gov. %	%Centro	%
Al-'Odwa	98.4	6.2	1.6	10	-	-	100
Magagha	98.7	9.3	1.3	12.5	0.01	4.6	100
Bani Mazar	99.9	12.7	0.1	1.9	-	-	100
Mattay	99.9	7	-	-	0.09	3.2	100
Samalut	99.9	16.2	0.3	5.3	-	-	100
Minia	97.7	12.4	2.3	29.1	0.02	0.1	100
Abu Qurqas	97.4	12.4	1.2	15.5	1.4	96	100
Mallawi	98.9	15.2	1.1	17.4	-	-	100
Caro mouas	99.0	8.6	1	8.3	-	-	100
Comércio grossista	373468		3724		7.6		37789
Gov. %	98.8		1		0.2		100

Tabela 18. Distribuição percentual dos tipos de posse na província de Minia[2]

---

[1] O quadro baseou-se em dados do Departamento de Produção Animal e do Departamento de Estatística, Direção da Agricultura, Minia, 2006.

[2] Direção da Agricultura, Centro de Informação e Apoio à Decisão, 2006

Número de amostras	Categoria de posse em feddans	Posse de animais		Vacas		Búfalo		Ovinos		cabra		Burros, mulas e cavalos	
		Sim	Não	Número de amostras	%	Número de amostras	%	Número de amostras	%	Número de amostras	%	Número de amostras	%
142	Menos de um feddan	100%	-	93	66.4	54	38.0	41	28.8	21	14.7	90	63.4
180	-3	100%	-	130	72.2	57	31.6	64	35.5	10	5.5	128	71.1
45	-5	100%	-	39	86.6	21	46.6	18	40.0	28	62.2	45	100
38	-10	100%	-	31	81.5	16	42.1	25	65.1	19	50.0	38	100
15	10 ou mais	100%	-	15	100	10	66.6	15	100	15	100	12	80

Quadro 19. Categoria de posse e seu efeito na aquisição de animais estudo de amostra na província de Minia[1]

[1] Fonte do quadro: Os resultados do estudo de campo das aldeias da amostra (Qayyat, Helwa, Abalaf, Qalosna, Edmo, Bani Dheir, Dalja) na província de Minia de 2006 a 2008, através de 420 questionários.

Centro	Milho	Trigo	Trevo	Algodão	Foley	cana-de-açúcar	Legumes e frutas	Outra cultura	Unidades animais		Superfície cultivada total	
									feddan	%	unidade	%
Al-'Odwa	6.4	7.7	6.3	16.4	11.1		3.4	7	55096	6.7	64100	7.7
Magagha	11.9	10,6	12.6	18.7	8.6	0.3	4.9	7.7	85369	10.5	57274	6,9
Bani Mazar	12.0	12	15.1	23.7	32.5	0.6	11.9	16.9	107265	13.1	43672	5.3
Mattay	8.3	77	10.4	15	4.4	0.3	9.1	3.1	60981	7.5	89344	10,8
Samalut	14,5	15,5	11.7	11.7	4.2	0.4	37.6	9.4	113627	13.9	1050036	12,6
Minia	14,3	15	16.2	2.8	4.7	2.5	15.9	22	121339	14.9	125005	15,1
Abu Qurqas	13,2	12,5	11.3	4.4	17.9	18.6	6.6	11.8	99402	12.2	104089	12,5
Mallawi	13	13	11.1	3.5	8.1	51.4	4.3	12.2	110659	13.6	180215	2107
Caro mouas	6.4	6.6	5.3	3.8	8.5	25.9	7.2	9.8	62179	7.6	61673	704
Comércio grossista	269624	192269	124670	30071	6424	38103	41128	113628	815917	100	1775408	100
%Gov.	33	23	15.3	3.7	0.8	4.7	5	14	100	-		
Coeficiente de correlação	0.8	0.8	0.8	0.5	0.6	0.4	0.6	0.7	0.8			

Tabela 20. Distribuição percentual das áreas de composição das culturas e das unidades animais na província de Minia, 2006[1]

---

[1] Direção da Agricultura de Minya - Departamento de Estatística - 2006.

Declaração	Emprego agrícola			Unidades animais		
Centro	1996	2006	o aumento %	1996	2006	o aumento %
Al-'Odwa	28826	33480	16.1	42485	64100	50.8
Magagha	57925	65222	12	31268	57274	83.1
Bani Mazar	50994	69604	36,4	29650	43672	47.2
Mattay	28978	36051	24,4	53064	89344	68.3
Samalut	65709	88667	34.9	59205	105036	77.4
Minia	68543	83023	21,1	137959	125005	-9.3
Abu Qurqas	54973	74213	34.9	60196	104089	72.9
Mallawi	73886	85057	15,1	113156	180215	59.2
Caro mouas	35192	36867	4.3 4.3	39559	61673	108.6
Venda por grosso	465026	572194	23,0	556542	830408	49.2

Quadro 21. Evolução da mão de obra agrícola e das unidades animais e percentagem de aumento (1996-2006)[1]

Centro	Irrigação	Pulverizar	Tractores	Debulha	Perturbações	Embaçamento	Outros		Comércio grossista	%da província
Al-'Odwa	9.6	7.7	8.2	8.8	5.0	9.2	5.4	100	6677	7.4
Magagha	12,8	6.0	12,0	11,4	12,6	7.5	12,0	100	10709	11,9
Bani Mazar	10,1	12.2	9,7	12,5	9,7	9.5	24,0	100	9852	11,0
Mattay	7.4	6.3	11,2	9.1	4.5	8.8	5.3	100	7086	7,9
Samalut	12,3	16.1	16,1	19,0	17,9	10,3	24,0	100	12368	13,7
Minia	13,2	18.3	14,8	12,3	17,0	20,3	9.3	100	13073	14,5
Abu Qurqas	12,1	12.3	12,5	9.2	14,6	8.8	6.7	100	11061	12,3
Mallawi	14,6	12.2	9.6	10,2	14,4	15,3	12,0	100	12127	13,5
Caro mouas	7,9	8.9	5.9	7.5	4.3	10,3	1.3	100	7098	7.8
Venda por grosso	63940	8930	8832	5582	1568	443	756	100	90051	100
Gov. %	71,0	10.0	9,8	6.2	1.7	0,5	0.8	100	100	-

Tabela 22. Distribuição percentual das máquinas agrícolas na província de Minia

Máquinas / Centro	A média geral por 1000 feddans de superfície cultivada							Superfície cultivada em feddan
	Tractores	irrigação	Debulha	Perturbações	pulverização	Embaçamento	Outros	
Al-'Odwa	17.9	88.0	9.2	0.7	10.1	0.7	0.07	55096
Magagha	12.9	113.0	6.0	1.2	12.9	0.4	1.0	85369
Bani Mazar	9.8	63.0	6.5	0.9	10.1	0.1	1.6	107265
Mattay	8.9	87.1	6.9	2.9	13.2	0.7	0.6	60981
Samalut	13.8	77.2	7.5	7.8	20.6	1.6	1.6	113627
Minia	11.7	67.5	8.7	0.6	11.9	0.2	0.5	121339

---

[1] Quadro elaborado pelo investigador com base em dados da Direção da Agricultura, Centro de Informação, dados não publicados, 2006.

Abu Qurqas	8.6	86.0	6.4	0.8	5.4	0.1	0.5	99402
Mallawi	7.7	87.9	5.2	0.6	6.2	0.6	0.9	110659
Caro mouas	7.4	102.0	5.2	0.20	6.1	0.08	0.1	62179
Comércio grossista	8832	63940	5582	1568	8930	443	756	815917
Média por 1000 feddans	10.9	78.4	6.8	1.9	10.9	0.5	0.09	-

Tabela 23. Capacidade mecânica e área de cultivo na província de Minia

Centro	Fase I		Fase II		Comércio grossista
	Número	%	Número	%	
Al-'Odwa	440	3.9	10	2.2	450
Magagha	1106	10	-	-	1106
Bani Mazar	55	0,5	-	-	55
Mattay	1248	11,2	-	-	1248
Samalut	1402	12,5	136	30,2	1538
Minia	510	4.6	-	-	510
Abu Qurqas	2711	24,3	230	51	2941
Mallawi	2465	22,1	75	16,6	254
Caro mouas	1209	10,3	-	-	1209
Comércio grossista	11146	100	451	100	11597
Gov. %	96,1	-	3.9	-	100

Quadro 24. Distribuição geográfica do chefe do projeto nacional na província de Minia 2006[1]

Declaração Centro	jovem		de engorda	Produtos lácteos	Homem para vacinação	Ovinos	Comércio grossista	
	carne de vaca	Carne de porco					Número	%
Al-'Odwa	-	-	16,3	12.0	-	24.3	1589	10,1
Magagha	-	-	11,0	-	-	21.2	2518	16,0
Bani Mazar	23,5	-	22,2	5.2	33,3	14.3	3181	20,2
Mattay	-	-	29,9	23	-	-	4444	28,2
Samalut	-	-	13,4	2.2	-	1.2	1878	11,9
Minia	5.9	-	2.7	13.8	-	5.2	604	3.8
Abu Qurqas	70,6	100	2.1	27.3	66,7	23.7	910	5.8
Mallawi	-	-	2.1	11.6	-	6.4	487	3.1
Caro mouas	-	-	0,3	4.9	-	3.7	125	0.8
Venda por grosso	17	100	13696	1514	3	406	15736	100
% da frase	0.1	0.7	87	9.6	0,01	2.5	100	-

Tabela 25. Distribuição percentual dos animais de seguros nos centros da província de Minia[2]

---

[1] Direção da Agricultura, Departamento de Produção Animal, dados não publicados, Minia, 2006.
[2] Direção de Medicina Veterinária, Departamento de Seguros, Minya, dados não publicados, 2006.

Fig. 1. Governação de Minia

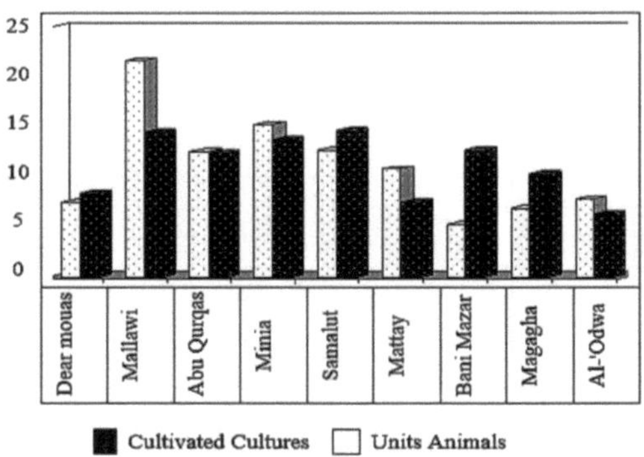

Fig. 2. Distribuição percentual da potência plantada e da potência unitária na província de Minia em 2006

60

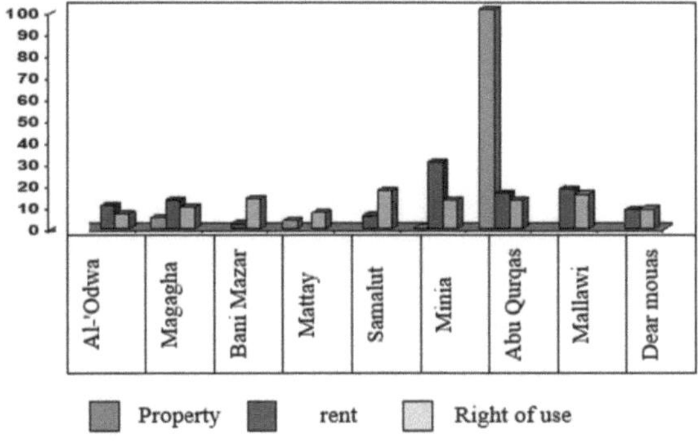

Fig. 3. Distribuição percentual dos tipos de posse na província de Minia em 2006

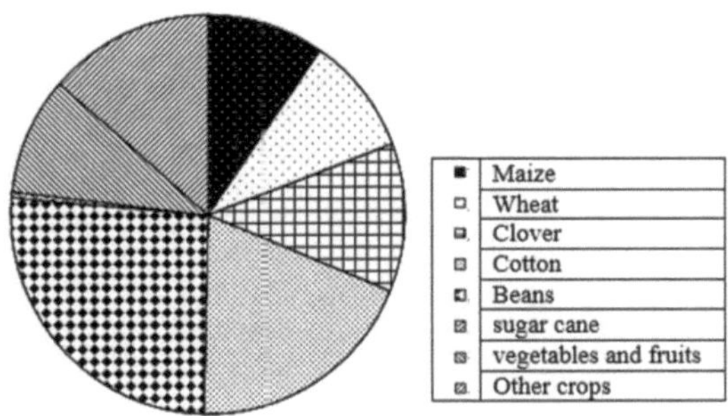

Figura 4. Distribuição relativa das espécies na província de Minia em 2006

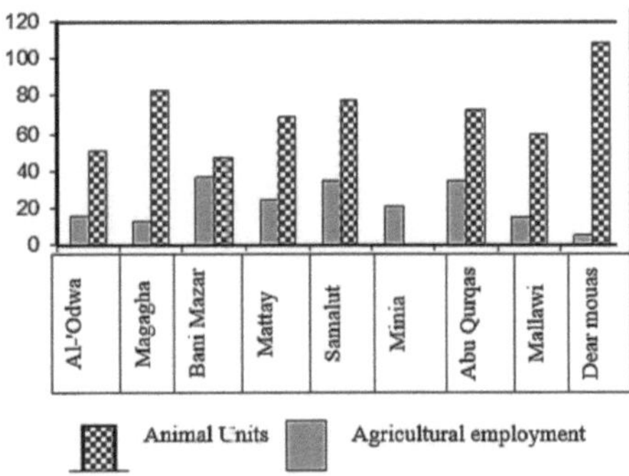

Fig. 5. Taxa de aumento da mão de obra agrícola e das unidades animais na província de Minia em 2006

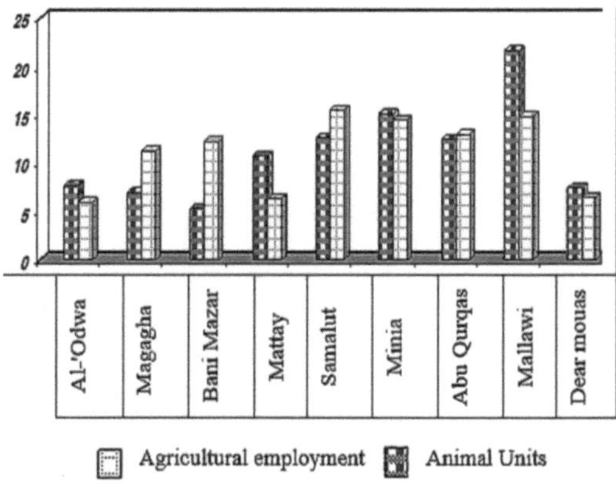

Fig. 6. Distribuição relativa da mão de obra agrícola e das unidades animais na província de Minia, 2006

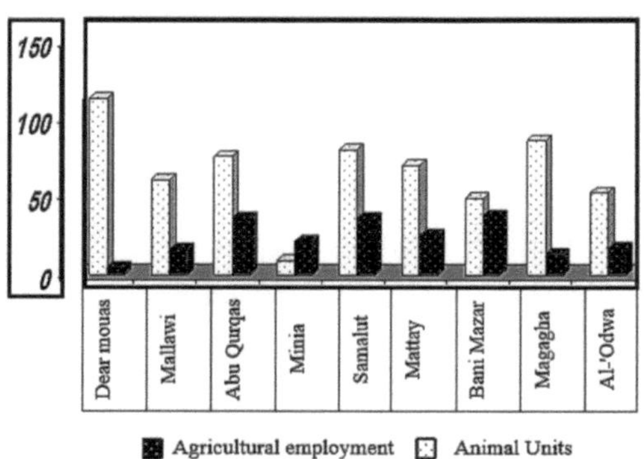

Figura 7. Distribuição da mão de obra agrícola e das unidades animais na província de Minia 1996-2006

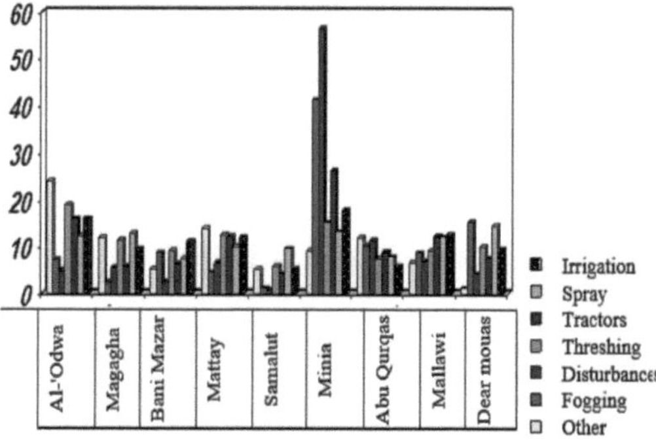

Figura 8. Distribuição percentual das máquinas agrícolas nas províncias

Printed by Books on Demand GmbH, Norderstedt / Germany